LES CAUSERIES SCIENTIFIQUES
DU DOCTEUR NEMO
L'AGRICULTURE
J. TOLRA ÉDITEUR PARIS

—

1898

L'AGRICULTURE

OUVRAGES DE LA MÊME COLLECTION

La Vie Humaine.
L'Électricité.
L'Aérostation.

EN PRÉPARATION

L'Océan.
La Locomotion.
Le Monde Céleste.

SAINT-AMAND, CHER. — IMPRIMERIE BUSSIÈRE FRÈRES.

LES CAUSERIES SCIENTIFIQUES
DU DOCTEUR NEMO
L'AGRICULTURE
Bressler Henriette
TOLRA EDITEUR PARIS

L'AGRICULTURE

L'agriculture (1) est l'art de cultiver la terre, d'obtenir dans les meilleures conditions possibles les plantes et les animaux utiles à nos besoins.

Pendant longtemps l'agriculture a été un art purement empirique et traditionnel; mais, aujourd'hui, elle est devenue une véritable science. Cette science est d'ailleurs des plus difficiles et des plus importantes.

(1) Du latin *ager*, *agri*, champ ; *cultura*, culture.

Toutes les sciences physiques et naturelles apportent à l'Agriculture un précieux concours.

C'est la Géologie qui lui fait connaître la nature des terrains et les propriétés particulières de chacun d'eux.

La Botanique et la Zoologie lui enseignent quelles sont les meilleures espèces d'animaux et de plantes, les caractères et les exigences de chaque espèce, le traitement qui leur convient, et permettent de faire un choix judicieux.

La Physique et la Météréologie lui donnent les moyens de se rendre compte de la chaleur, de l'humidité, de l'électricité, des vents, des pluies, des variations atmosphériques de chaque contrée : En effet, si l'eau fait défaut, il faut arroser, submerger, irriguer, tantôt en allant chercher plus ou moins loin l'eau des sources naturelles ou des ruisseaux. Là, au contraire, l'eau est trop abondante, il faut l'aménager, l'enlever sans excès par des travaux de dessèchement, de drainage, des rigoles, des canaux.

La Mécanique fournit à l'agriculture de nombreux intruments qui facilitent et accélèrent les travaux, des machines agricoles, telles que des *râteaux*, des *batteuses*, des *faucheuses*, des *faneuses*.

La Chimie, en analysant les récoltes et les engrais, permet de donner à chaque genre de culture l'engrais

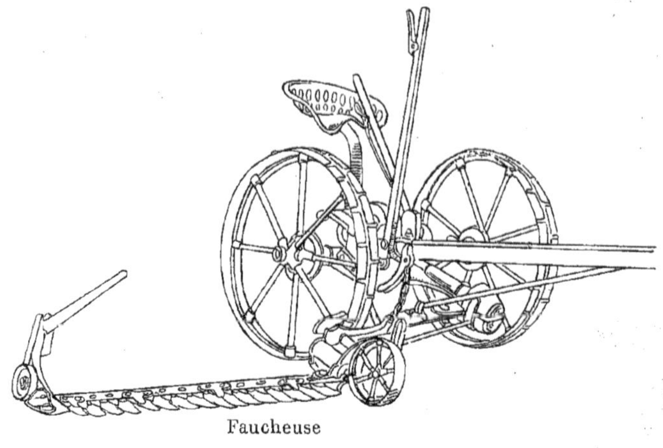

Faucheuse

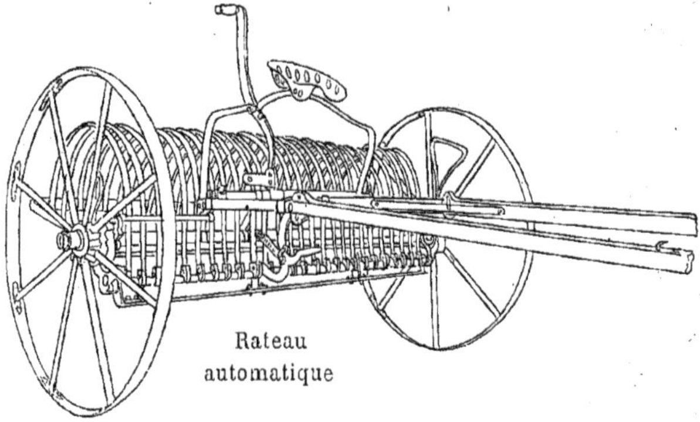

Rateau
automatique

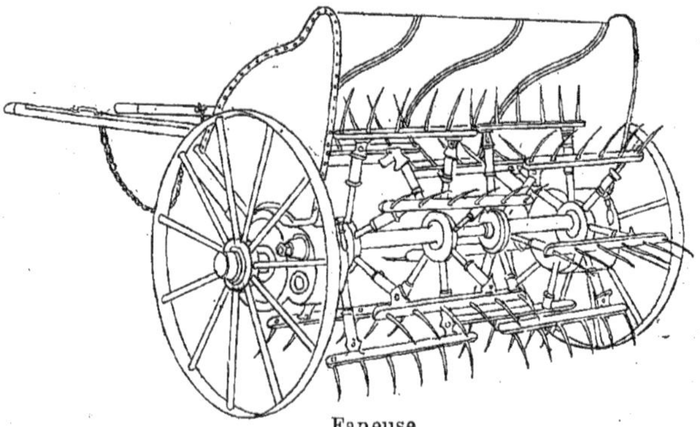

Faneuse

qui lui convient le mieux, de déterminer l'ordre de succession des plantes sur un même terrain, d'apprécier les

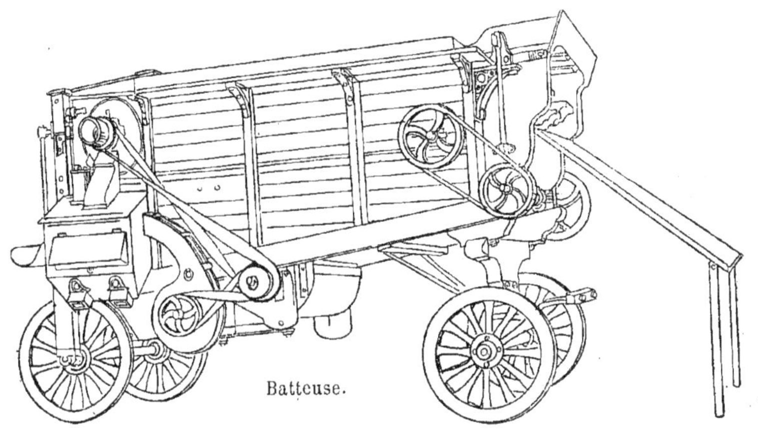

Batteuse.

pertes que chaque récolte peut faire subir au sol et ce qu'il faut alors lui rendre.

On voit de quelle importance est cette science puisque tant d'autres sciences s'y rattachent.

Depuis quelque temps, hélas! l'agriculture est délaissée.

Les fils des travailleurs de la terre s'enfuient vers les villes où ils ne trouvent souvent que mécomptes et misères, tandis qu'ils auraient pu être si heureux en continuant à travailler à la terre comme leurs vieux parents.

Un grand roi Henri IV et son digne ministre Sully ne savaient que faire pour encourager l'agriculteur, tous deux s'intéressaient au sort du paysan.

Henri IV et Sully.

D'ailleurs, la vie des champs n'a-t-elle pas des charmes, des trésors, que ne peut nous donner la vie des villes. Ecoutons les poètes chanter ce bonheur de la vie champêtre.

C'est Andrieux, d'abord, qu'il nous faut citer:

Le bonheur des champs.

Heureux qui, loin du bruit, sans projets, sans affaires,
Cultive de ses mains, ses champs héréditaires !

La guerre et ses dangers, la mer et ses fureurs,
Les promesses des grands, leurs dédains, leurs faveurs,

Ne le troublent jamais et jamais ne l'abusent ;
Mais d'aimables travaux l'occupent et l'amusent,
Il soigne fleurs et fruits, vendanges et moissons
S'enrichit des présents de toutes les saisons.
Oh ! qu'un simple foyer, des pénates tranquilles
Valent mieux que le luxe et le fracas des villes !
Que servent nos festins avec arts apprêtés,
Ces mets si délicats et ses vins si vantés ?
L'orgueil en fit les frais, l'ennui les empoisonne
J'aime un dîner frugal que la joie assaisonne,
Tout repas est festin quand l'amitié le sert,
La treille et le verger fournissent le dessert.
Pour régal aux bons jours la fermière voisine
Apporte un gâteau, la fleur de sa farine.
Quel plaisir lorsqu'à table, entre tous ses enfants,
Le père, chaque soir, voit revenir des champs
Ses troupeaux bien repus, la vache nourricière
Et l'agneau qui bondit, à côté de sa mère,
Ses bœufs à pas pesants, las, et le cou baissé ;
Ramenant la charrue, et le soc renversé !
De jeunes serviteurs que son toit à vus naître
Animent la maison et bénissent le maître,
Tous ses jours sont pareils, tous ses jours sont sereins
Et sa porte rustique est fermée aux chagrins.

Voici maintenant le poète Gensoul, qui, en termes émus, célèbre son village.

Mon village.

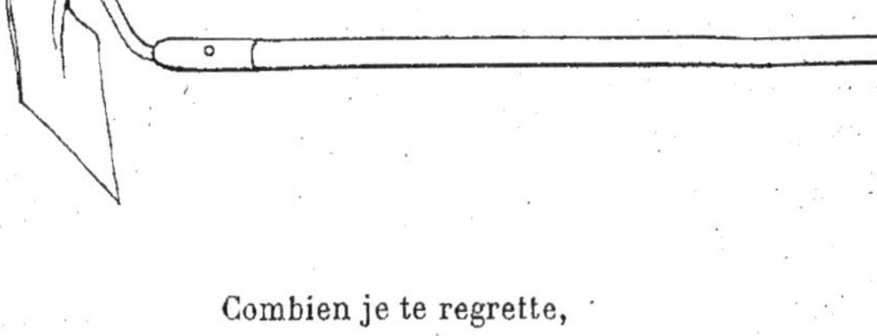

Combien je te regrette,
Beau ciel de mon pays,
Et toi douce retraite
Que toujours je chéris.
Soleil qui fait éclore
Les trésors de l'été,
Dois-tu me rendre encore
La vie et la gaité?

Une erreur trop commune
Egara ma raison,
Je rêvais la fortune
Et l'éclat d'un vrai nom.
Mais aujourd'hui, plus sage,
D'un regard attendri
Je cherche mon village
Et mon premier ami.

Je cherche mon village... (page 16)...

Vers cette heureuse terre,
Qui me ramènera ?
Là, repose ma mère ;
L'amitié m'attend là.
O pensers pleins de charmes,
Endormez ma douleur !
Et vous, coulez, mes larmes,
Et soulagez mon cœur.

Une fleur étrangère
En ces tristes climats,
Sur sa tige légère
Cède au froid des frimats.
Jeune aussi je succombe,
Faible comme la fleur;
Ici je vois la tombe,
Là-bas est le bonheur.

Je veux dès mon aurore,
Surpris d'un froid mortel,
Me réchauffer encore
Au foyer paternel.
Chaque jour ma patrie
Charme mon souvenir,
Là, commença ma vie,
Là, je veux la finir.

Ecoutez encore ceci qui est tout bonnement ravissant.

Petit terrain qui sait fournir
De doux fruits, mon petit ménage,
Où ma laitue aime à venir
Où ton chou croît pour mon potage,

Je veux tout bas t'entretenir :
Réponds-moi, j'entends ton langage.
Si je voyageais. — Et pourquoi ?
Es-tu las d'être bien chez toi ?
— Je voudrais vivre avec les hommes.
— Avec eux ! Ils sont presque tous
Des méchants, des sots et des fous,
Surtout dans le siècle où nous sommes.
— De leur plaire je prendrai soin ;
J'en aimerai quelqu'un peut-être,
Mon esprit se plaît à connaître,
Plus instruit je verrai plus loin.
— Que dis-tu là, mon pauvre maître,
Crois-moi, trop penser ne vaut rien,
Trop sentir est bien pis encore.
Déjà ma pêche se colore,
Mes melons te feront du bien.
— Il me faudra donc au village
Vieillir sans nom sous mon treillage,
Je pourrai voir tout à loisir
Mes lézards aller et venir
Sous les murs de mon hermitage,
— Est-ce un malheur ! Va, plus d'un sage
Dans les soupirs, dans les dégoûts,
Du bonheur sur des îlots jaloux,
Poursuivant la trompeuse image,
S'est écrié dans son naufrage :
« Ah ! si j'avais planté mes choux ! »

**Et les poètes ont raison : Vous le sentez bien, n'est-ce
pas, jeunes gens de la campagne, jeunes filles des**

champs. Aimez-la bien cette terre qui recèle tant de trésors et songez que la culture est un *noble métier*.

Le blé.

La culture du blé (1) occupe en France près de 6 millions d'hectares (près de 3000 lieues carrées), soit plus des quatre dizièmes des terres cultivées.

Presque tous les sols peuvent produire du blé, mais les terres argileuses donnent les meilleurs produits.

Au point de vue cultural, le blé se divise en *blé de mars* et en *blé d'automne*, selon l'époque à laquelle on le sème.

Causons d'abord du *blé d'automne*.

Il n'est pas bon que le sol soit par trop nivelé, on a

(1) Du vieux français *Bled*, *bléf*, *blet*, en provençal *blat*, en bas latin *bladum*, *alladum*, avec le sens de blé récolté, du latin *ablatum*, ce qu'on a enlevé, cueilli.

Dans la vieille chanson de Roland, on peut lire au v. 980 : « Soleilz n'i luist, ne *blet*, n'i poet pas creistre ».

fait l'importante remarque que les champs de blé dépourvus de récoltes gelaient plus facilement que ceux
où il en restait. Le blé destiné à la semence doit être
choisi avec soin parmi le *plus beau*
de la précédente récolte ; le blé
de l'année germe plus vite que celui
qui est plus ancien.

En France, on sème, des
derniers jours de septem-
bre aux premiers jours de
novembre.

Il faut 2 hectolitres de blé
à semer environ par hec-
tare.

Si on fait les semailles
tardivement, la quantité à
semer doit être plus grande
que si elles sont faites de bonne
heure.

La semaille faite, on donne un
coup de herse pour enterrer le
grain, ou bien on le herse superficiellement, ce qui
s'appelle semer *sous raies*, opération bien plus longue.

Au printemps, on herse pour ameublir la terre, rehausser le pied des jeunes plantes et leur permettre de

thaller, c'est-à-dire de produire des tiges latérales; si la
terre est calcaire, on emploie plutôt le rouleau qui écrase
alors les petites mottes que les gelées ont soulevées.

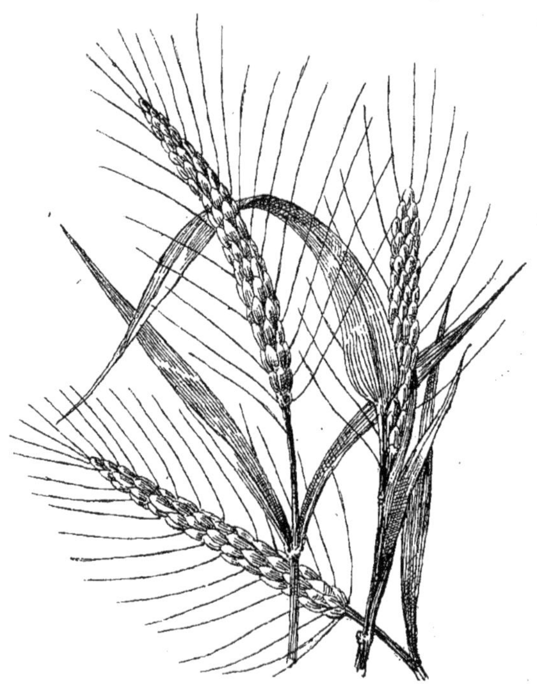

Le blé.

En mai, on doit procéder à la destruction des char-
dons, que l'on coupe entre deux terres ; coupés plus tôt,
ils repousseraient si le blé pousse trop épais, si l'année
est humide, la terre trop riche, le blé est exposé à verser

avant d'être mûr ; on coupe alors, au printemps, le bout des tiges ; c'est ce qui s'appelle *effioler* ou encore *épamper*.

La récolte se fait fin juillet-août. Un sol de fertilité moyenne donne 15 à 18 hectolitres par hectare.

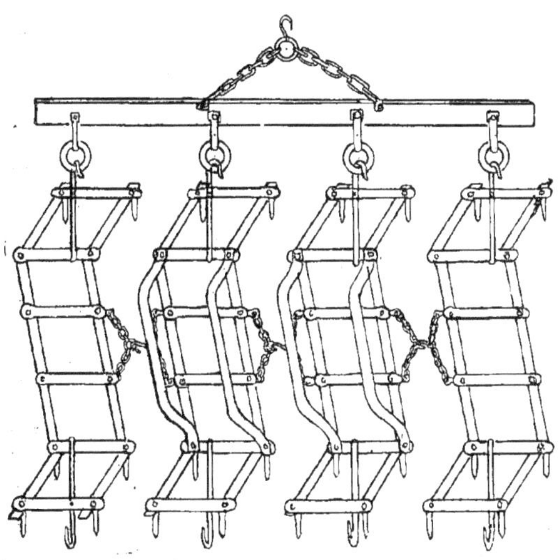

La herse.

Quant au *blé de mars*, il demande à peu près les mêmes soins ; mais sa récolte et son abondance sont moins assurés que pour le *blé d'automne*. Il convient surtout dans les pays montagneux, et à tous ceux qui sont exposés aux inondations pendant l'hiver.

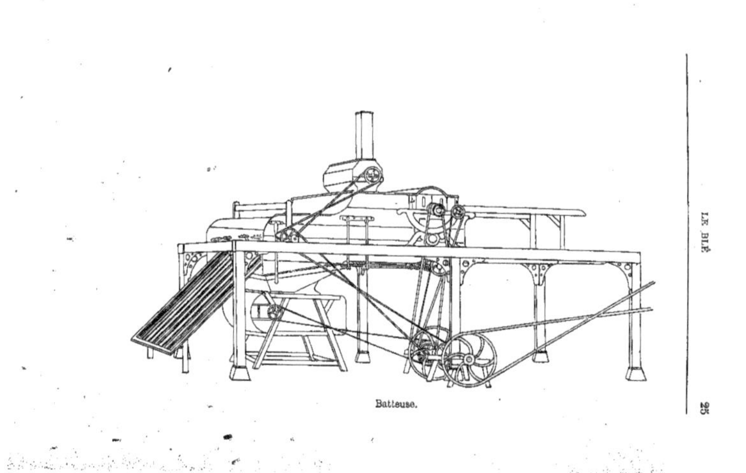

Batteuse.

Comme il thalle moins, il faut le semer plus épais. Souvent, on a recours à la culture du *blé de mars*, pour remédier à la perte de la culture d'hiver.

On sait que le *froment* (1) est la meilleure espèce de blé.

Le froment se récolte principalement dans l'Artois,

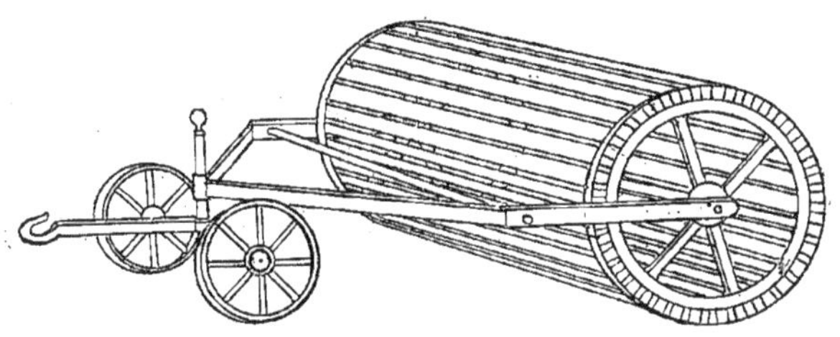

Le rouleau.

les Flandres, la Picardie, la Brie, la Lorraine, la Bresse, la Beauce, la Touraine, la Franche-Comté, pour le Sud et le Centre et au Midi dans la Charente, le Languedoc, la Guyenne, l'Anjou, le Poitou.

Les *blés durs* donnant une farine rude et se ramifiant difficilement sont cultivés sur une grande échelle en Algérie, en Espagne, dans la Russie méridionale. Leur farine, riche en gluten, se prête fort bien à la confection du *macaroni* et du *vermicelle*.

(1) *Du latin Frumentum.*

Les *blés amidonnés,* aux épis aplatis, sont fort rustiques et donnent une très belle farine ; on les cultive surtout en Suisse. Leur paille sert à tresser de beaux ouvrages.

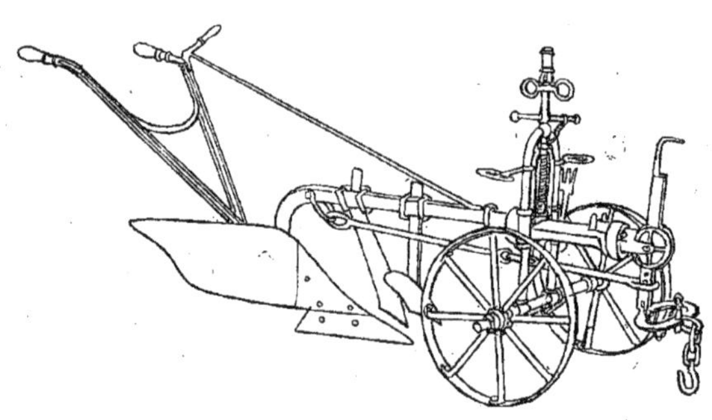

Charrue.

Les semailles.

Les semailles (1) se font en lignes, en pots ou à la
volée. Les premières se font au moyen de semoirs, soit
avec des plantoirs de manière à faire des séries de trous
régulièrement espacés destinés à recevoir le grain ; pour
les secondes on fait des trous dans lesquels on met une
ou plusieurs graines, aussitôt recouvertes de terre ; les
troisièmes consistent à faire lancer par un homme parcourant un champ d'un pas régulier des grains qu'il
prend dans un sac pendu sur son ventre et qu'il disperse
à chaque fois en quantité égale et de toute la force de
son bras. Les semailles de froment et de seigle se font
à la fin de l'hiver ; pour les orges, les avoines et les menus
grains, un peu plus tard, aux premiers jours de printemps
et plus tôt si la terre est légère.

(1) Le mot *semaille* vient du latin *semen*, qui veut dire graine.

Un homme parcourant un champ d'un pas régulier lance les grains...
(page 28.)

La moisson.

La *moisson*, c'est la récolte des blés et autres grains (1).

Les machines destinées à moissonner le blé ont reçu le nom de *moissonneuses*.

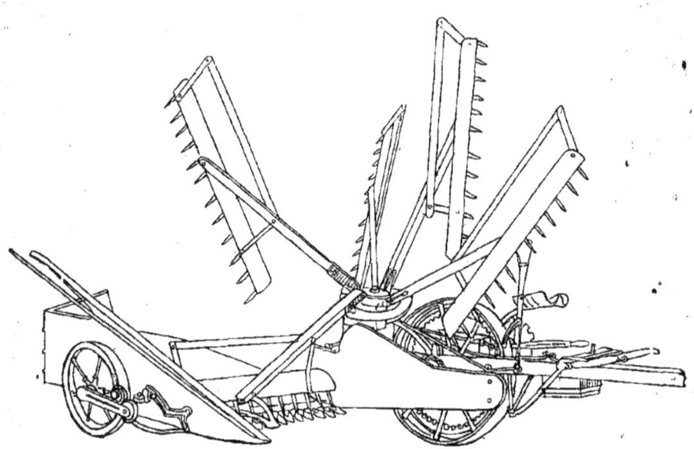

Moissonneuse.

Ces machines étaient d'ailleurs déjà connues des Gau-

(1) Le mot moisson vient du latin *metere*, couper, moissonner.
Les artistes de l'antiquité représentaient la moisson par la déesse *Cérès*.

lois : Palladius (1) et Pline (2) font la description de l'une d'elles. Elles se composent essentiellement d'une scie placée horizontalement à la hauteur du sol, d'un volant à palettes couchant le blé sur le plan incliné à mesure qu'il est coupé et enfin, d'un espèce de rateau qui doit ramener le blé en javelle.

Les moisonneuses, actuellement les plus estimées, sont celles de MM. Brugen et Key, celles de Bell, celles de Mac-Cormick, etc.

Le pain.

Selon Varron (3), le mot pain, viendrait de *pascendo* (4), je nourris, d'autres le font dériver du dieu païen *Pan*, parce que, le premier, il aurait découvert le secret de ré-

(1) PALLADIUS (Putilus-Taurus). Ecrivain latin du iv⁰ siècle de notre ère, il a laissé un traité du *De re rustica*.

(2) PLINE (Caius), dit l'*Ancien*, naturaliste, né à Côme, l'an 23, de J.-C. Il a écrit une *Histoire de la Nature* en 37 livres, qui a été appelée avec juste raison l'*Encyclopédie des anciens*.

(3) VARRON, (Marcus-Terencus) 114, 26 av. N.-S.-J. Polygraphe, né à Réate (Sabine).

De ses 80 ouvrages, nous ne possédons que le *De lingua latina* et le *De Re Rustica*.

(4) Sup. de *pasco* ou *pascor*.

duire les grains en farine et d'en faire cuire la pâte... *qui primus conspersas fruges et panes coxisse perhibetur, unde et nomine ejus est appellatus* (1).

La mythologie a attribué à Cérès l'*invention* du *pain*.

Ce qui est certain, c'est que la fabrication du pain remonte à une époque très reculée. Cependant nous avons des raisons de croire que les premiers Romains ne connaissaient pas encore cet art ; ils mangeaient leur blé en grains grillés ou réduits en bouillie ; ce n'est que vers la fin du iv° siècle avant Jésus-Christ qu'ils apprirent cet art. Comment a-t-il commencé ? c'est probablement ce que les savants ne sauront jamais, et ici, comme en beaucoup d'autres questions, nous sommes réduits aux conjectures. Si l'on examine, en effet, le temps qu'il

(3) *Cassior*, 1, V. 1.

aura fallu seulement pour connaître les propriétés du blé,

et si l'on considère en même temps la distance qui sépare
cette plante de la réduction en farine et en pain, on ne

sera pas, sans doute, étonné que l'humanité ait été privée si longtemps de cette nourriture que nous regardons aujourd'hui comme indispensable ; c'est ce qui explique que, parmi les peuples nomades vivant de leur pêche, de leur chasse et du lait de leurs troupeaux, ils ne connaissaient pas la pratique de l'agriculture ; car le pain est le seul objet qui ait pu engager les hommes à se livrer aux rudes labeurs de la culture de la terre. Il a donc fallu que les peuples qui se sont livrés les premiers à cet art eussent d'avance une certaine idée que le blé était la nourriture la plus convenable à la nature de l'homme. Comment cette connaissance leur est-elle parvenue ? Il est à supposer que, malgré la confusion des langues, il s'est trouvé quelques familles ayant conservé les premières notions des arts les plus utiles et qu'elles pouvaient tenir de la révélation primitive. Quant aux autres familles, voici les conjonctures que les anciens ont formées à ce sujet ; Hippocrate pense qu'on a commencé à manger les grains de blé sans préparation et tels que la nature les produit. Possidonius présente un système très ingénieux de la manière dont les premiers hommes, suivant lui, sont arrivés à connaître le secret de convertir le blé en farine et puis en pain. « On a dû observer, dit-il, que les grains étaient d'abord broyés par les dents et la substance délayée par la salive, qu'ensuite

ils passaient dans l'estomac où ils recevaient le degré de
cuisson qui les rendait propres à être convertis en nourriture ; c'est sur ce modèle qu'on a dû se baser pour ar-

river à la fabrication du pain. On imita l'action des dents
en broyant le blé entre deux pierres ; on délaya ensuite
a farine avec de l'eau, et en remuant et pétrissant ce

mélange, comme fait la langue dans la bouche avec la salive, on en fît une pâte qu'on fît cuire d'abord sous la cendre ou de toute autre manière, jusqu'à ce qu'ensuite et par degrés on eût inventé les fours. Quoi qu'il en soit, si nous pouvons juger du passé par ce qui se passe encore de nos jours, chez certains peuples, les herbes, les plantes, les racines durent être la principale nourriture des premiers hommes. Ce n'est que peu à peu qu'on finit par distinguer entre toutes les autres plantes, le blé, que l'on perfectionna ensuite par la culture.

On aura commencé par manger les grains encore verts et pleins de sève, soit en les froissant entre les mains, soit en les faisant légèrement griller. Mais que d'essais, que de tentatives il aura fallu faire avant d'en arriver à une préparation convenable.

Si l'on en croit les anciens, l'orge aurait été la première plante dont les hommes se seraient servis pour leur nourriture. On avait deux méthodes pour réduire les grains en nourriture : la torréfaction et la cuisson. Plus tard on remarqua que, sous son écorce, le grain renfermait une substance qui demandait à être développée : de là est venue l'invention des pilons et mortiers pour le broyer. On fut très longtemps sans trouver d'autres moyens de réduire les grains en farine ; on se sert encore aujourd'hui de ce moyen primitif chez plu-

sieurs peuples sauvages. — Les Gaulois sont les premiers qui aient eu l'adresse de séparer le son en se ser-

vant des crins de chevaux pour en faire des sortes de
tamis. Le premier usage qu'on a dû faire de cette farine
aura été de la réduire en pâte en la délayant avec de l'eau,

et d'en faire ce que les Romains appelaient *pulmentum*, espèce de galette. On doit supposer qu'on ne sera arrivé à ce perfectionnement que successivement et comme par degré.

On peut dire toutefois que cette découverte est très

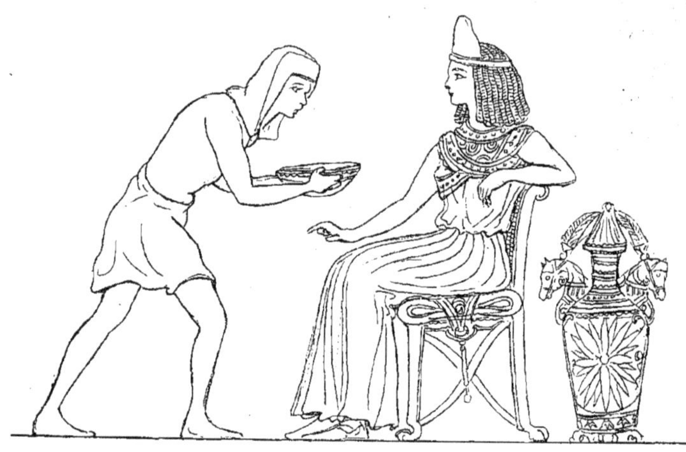

ancienne et qu'elle existait du temps d'Homère et d'Abraham. — Dans les premiers temps on faisait le pain d'une manière fort simple. C'était un espèce de gâteau plat et très mince : on pouvait le rompre facilement, de là les expressions souvent employées dans l'Ecriture Sainte : rompre le pain, la fraction du pain.

On le faisait cuire sans précaution, l'âtre du feu servant à cet usage. On dût se servir également de pierres creuses pour cuire le pain. L'invention des fours est cependant très ancienne, il en est parlé dans la Genèse du temps d'Abraham.

Sans doute, ces fours primitifs étaient encore fort défectueux et très différents de ceux qui existent aujourd'hui.

S'il est une invention que l'on puisse attribuer au hasard, c'est bien sans doute celle du levain ? Cependant, il était connu du temps de Moïse, car nous lisons, (1) que ce législateur des Hébreux défendit de se servir de pain levé dans la manducation de l'agneau pascal. — Pline nous décrit la façon dont, de son temps, on préparait le levain : « La meilleure manière, dit-il, est de se servir de la farine de millet pétrie avec vin doux ; ce le-

(1) Voir la Bible.

vain peut se conserver une année entière. » Déjà, à
cette époque, on tirait de la pâte le levain ordinaire,
avant que de mettre le sel : on le faisait cuire légèrement
et puis on le laissait aigrir. — Plus tard, ayant observé

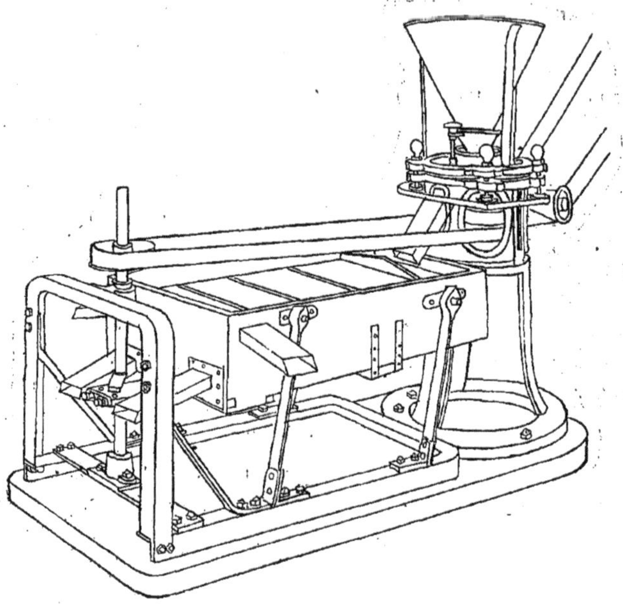

Meule à vapeur.

que la bière est le produit de la fermentation, on se ser-
vit de l'écume de cette liqueur pour faire lever la pâte
d'une manière encore plus avantageuse que le levain. —
Successivement les arts se perfectionnent et, comme dit
Perse, la faim, cette mère des arts, aidant l'esprit, fit dé-

couvrir de quelle utilité pouvaient être certaines pierres pour écraser et broyer les grains : ce fut là l'origine de l'invention de la meule et du moulin. On ne peut fixer le temps précis de cette invention, comme beaucoup d'autres elle se perd dans la nuit des temps.

Nous sommes autorisés à croire cependant que les moulins existaient du temps d'Abraham, car il en est parlé au livre de Job, et également dans l'*Exode* et le *Deutéronome*. Je ne parlerai pas de la panification moderne ; cet art, très compliqué, est arrivé de nos jours à une très grande perfection. Je dirai cependant un mot sur la taxe du pain.

Dans tous les temps, les gouvernements ont eu à s'occuper de la question des subsistances parmi lesquelles le pain occupe la première place. Dans les plus anciennes sociétés civilisées, la panification a été réglementée : Rome avait ses collèges de boulangers, le moyen-âge eût également ses corporations de boulangers.

.·.

La meilleure farine pour faire le pain est celle de froment : elle demande à être moulue depuis un mois ou quinze jours au moins, la farine fraîche ne fournissant

pas un pain d'aussi bonne qualité ; les meilleures farines
sont ensuite par ordre, celles d'épeautre, de méteil, de
seigle, d'orge, de maïs, d'avoine, de sarrasin et même
de pommes de terre.

L'épeautre doit être pétrie avec de l'eau chaude et beaucoup de levain et de sel, et demande un fort bon pétrissage. — Le pain de méteil est fort bon, et un pain
meilleur encore est celui que l'on fabrique avec une par-

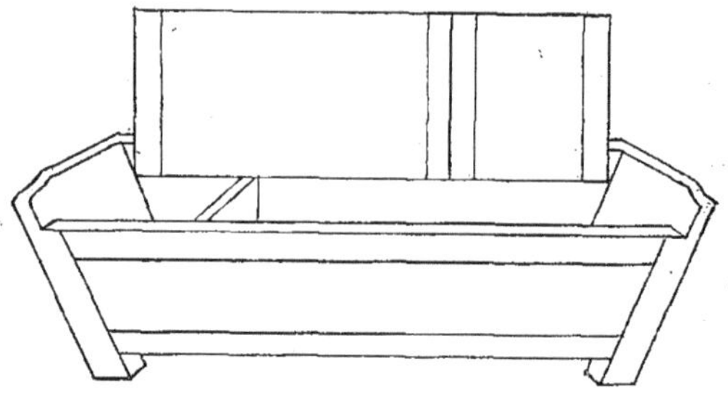

Le pétrin.

tie de farine de froment, façonnée à l'état de levain et
mêlée avec de la farine de seigle et de l'eau tiède en
quantité suffisante pour faire une pâte d'une certaine
consistance : ce pain reste frais plus longtemps sans
rien perdre de son bon goût (Belèze).

La pâte du pain de seigle demande à être salée. Le
pain d'orge est lourd et serré : on l'améliore en y mêlant
du froment et du seigle, le premier sous forme de levain.
Pain de maïs : est le meilleur quand il est fait avec moi-

tié de levain de froment ; le pain d'avoine est toujours de mauvaise qualité, noir et lourd ; de même pour le pain de sarrasin qui se durcit du jour au lendemain.

La farine de pomme de terre ne peut être employée que mélangée avec d'autres farines : 1/3 de farine de froment en levain, 1/3 de pomme de terre cuite, et 1/3 de farine de pomme de terre donnent un assez bon pain. On peut aussi employer la farine de riz. Le pain se fabrique en remplissant aux 2/3 un pétrin de farine au milieu de laquelle on met du levain délayé dans de l'eau tiède, avec le 1/4 de la farine à employer : le levain doit être plus ferme que la pâte du pain ; lorsqu'il est fait on le recouvre de farine et on presse autour celle qui l'entoure, afin qu'elle forme une espèce de digue qui contienne le levain pendant la fermentation (1).

Le pétrin doit être bien fermé. Il faut de cinq à six heures en été, de douze à quinze heures en hiver, pour que le levain puisse lever : on arrête la fermentation trop active en pétrissant de nouveau avec de la farine et de l'eau ; après vient l'opération du pétrissage ; on garnit des corbeilles de farine pour empêcher la pâte de se coller aux parois. Elles ont la forme que garderont les pains et leur servent de moules. On pétrit avec de l'eau à peine tiède, de 14° à 30°, suivant la saison ; moins

Belèze.

l'eau est chaude plus le pain est blanc et levé ; le sel doit être fondu dans l'eau du pétrissage ; il faut 1 kilo de sel pour 50 kilos de pain.

La pâte bien pétrie est repoussée à un bout du pétrin

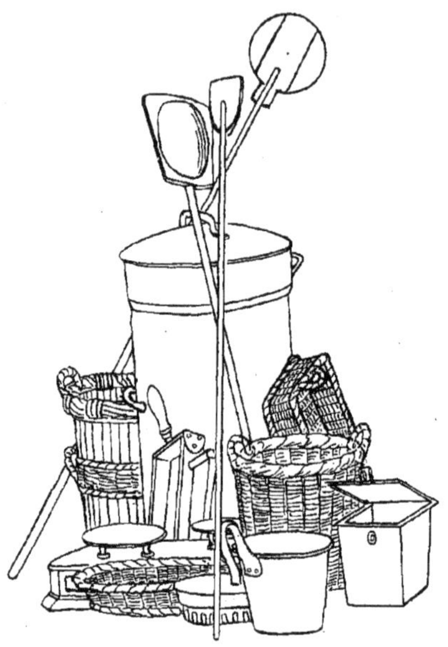

et coupée par portions avec un coupe-pâte, puis les portions coupées sont successivement roulées dans l'autre partie du pétrin qu'on a saupoudrée de farine et placées rapidement chacune dans une corbeille qu'elle doit ne remplir qu'au tiers. La pâte perd le 1/6 de son poids à

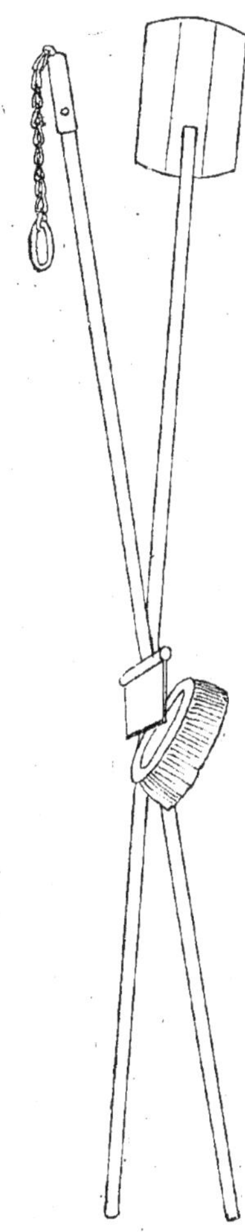

la cuisson. Au bout d'une demi-heure de fermentation, laquelle amène la pâte à remplir toute la corbeille, on procède à l'enfournement ; les corbeilles étant rangées à la bouche du four allumé, on renverse successivement et rapidement, sur une large pelle bien saupoudrée de farine, le contenu de chacune d'elles ; l'on fend avec un couteau la masse de pâte qui doit donner un pain fendu. On l'enfourne vivement en lançant adroitement chaque pain de pâte de manière à ce qu'il se détache de la pelle et retombe sur l'aire du four sans se déformer. On les range de façon qu'ils ne se touchent pas, puis on ferme le four et l'on surveille le pain ; on augmente la chaleur s'il ne se colore pas assez, on laisse la porte ouverte s'il se colore trop. Au bout d'un quart d'heure on remue les pains et on les change de place ; il faut une heure pour cuire des pains de quatre à huit livres.

Les pains une fois cuits sont retirés du four et posés
soit debout contre un mur, soit couchés sur des claires-
voies dans un lieu très aéré. On peut fabriquer du pain
sans le secours du boulanger en prenant 3 kilos de bonne
farine que l'on détrempe avec 60 grammes de levure

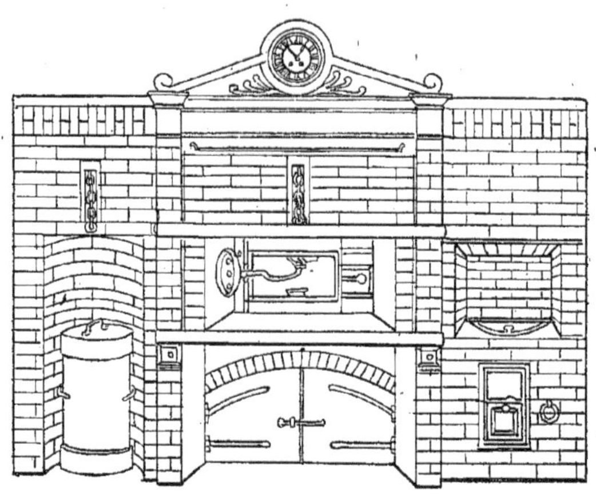

Four.

préalablement disposée au milieu de la masse, et
60 grammes de sel fin délayé dans l'eau tiède ; la pâte
ainsi préparée est couverte et gardée au chaud pendant
une ou deux heures, puis on pétrit à nouveau et on laisse
reposer deux heures encore ; on divise alors en petits
pains que l'on met au four, on les retire une fois cuits et
on dore la croûte en la frottant avec un peu de beurre.
La farine ancienne est souvent altérée et acide et em-

pêche la pâte de lever : il suffit, pour lui rendre ses qualités primitives, d'y mêler 25 0/0 d'eau de chaux au moment du pétrissage ; il faut avoir soin dans ce cas de
saler un peu fortement.

Le cultivateur, à l'approche de la moisson, a de nompreux préparatifs à faire :
apprêter les granges et les greniers s'assurer de la main-d'œuvre nécessaire, fabriquer les
liens, etc.

Faucille.

On coupe le blé sans attendre sa maturité complète,
quand la paille prend une teinte jaune et que le grain

Fourche en fer.

est assez résistant ; les instruments employés pour cette
opération agricole, sont : la sape, la faucille, la faux et

La moisson.

les machines moissonneuses. On choisit de préférence un temps sec, les blés sont mis en javelles ou en moyettes dans le centre de la France , dans le Midi, les tiges sont rapidement desséchées et mises immédiatement en gerbes. Quand le blé en javelles est arrivé à maturité complète, on le met en gerbes avec des liens spéciaux variant avec les pays ; on les dispose en meules ou on les rentre dans les granges.

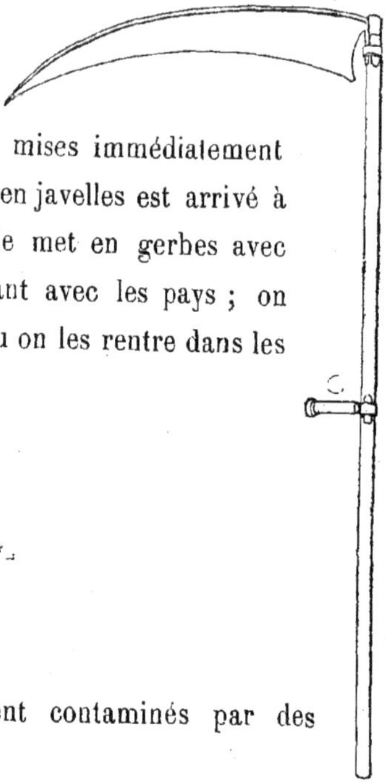

Les grains sont souvent contaminés par des vers.

Le houblon est le remède le plus efficace pour expulser les vers du grain.

L'odeur forte du houblon déplaît tellement à ces insectes qu'il suffit d'en mélanger une partie relativement faible avec le blé pour les faire partir aussitôt.

Le houblon employé peut être d'une qualité très inférieure. Il faut que le grenier soit en même temps bien

aéré. Le houblon ne fait aucun tort au grain. Il peut
même en passer des parcelles sous la meule sans porter aucun préjudice à la farine.

Fourche en bois.

La vigne et le vin.

La découverte du vin est presque aussi vieille que l'humanité.

L'Ecriture sainte et la mythologie le connaissent.

Les Grecs et les Romains avaient d'excellents vins.

C'est après le déluge que Noé reçut de Dieu le premier cep de vigne, et tous les enfants chrétiens qui ont lu l'Histoire sainte savent comment et pourquoi Cham fut maudit par son père.

Les anciens donnaient à leurs vins une consistance telle qu'ils ne pouvaient les boire purs ; ils les coupaient, les délayaient, y ajoutaient de l'eau ; souvent même ils les parfumaient et les adoucissaient avec du miel.

La vigne n'a été introduite dans la Gaule qu'après l'invasion romaine, mais elle y prospéra vite et ses produits jouirent bientôt d'une grande vogue. La fabrication des vins nouveaux, du vin de champagne par exemple, ne date guère que du commencement du XVIIIe siècle.

C'est en 1870 que la production du vin a atteint son maximum en France (80 millions d'hect.).

Depuis lors elle a été fortement réduite par les ravages du phylloxéra. Actuellement on continue à repeupler les vignes avec du plan américain. De plus, on commence à obtenir en abondance du vin de très bonne qualité en Algérie et en Tunisie. Au point de vue vinicole, la France est partagée en six régions principales : 1° la région S. où la quantité l'emporte sur la qualité et où l'on ne récolte guère que du gros vin de ménage ; 2° la région S. E. d'où viennent d'excellents vins, notamment les vins de l'Hermitage ; 3° la région E. où se fabrique les vins de Champagne et de Bourgogne qui s'importent dans le monde entier ; 4° la région du Centre dont les produits sont presque entièrement transformés en vinaigre ou en eau-de-vie ; 5° la région O. dont les vins n'ont pas de grandes qualités mais donnent les eaux-de-vie de Cognac qui sont sans rivales ; 6° la région S. O. où se récoltent les fameux vins de Bordeaux.

L'Espagne fournit des vins très capiteux, Xérès, Malaga, Malvoisie, Alicante, etc., le Portugal a le Porto, l'Italie a le Marsala et le Lacryma Christi ; l'Allemagne a ses vins du Rhin, et parmi eux, le Johannisberg, la Hongrie a le Tokay ; les Canaries ont le Madère ; l'Amérique produit beaucoup de vin dont la qualité actuellement médiocre s'améliorera sûrement.

C'est la fermentation alcoolique qui constitue la

base de la vinification. La condition essentielle pour obtenir de bons vins, c'est d'avoir de bons raisins, les procédés ne varient que par des détails sans importance. D'une manière générale, on peut réduire à quatre opérations la préparation du vin : 1° l'expression du moût ; 2° la fermentation ; 3° le décuvage et la mise en tonneau ; 4° la mise en bouteille.

L'expression du moût s'obtient par le foulage généralement confié à des hommes qui piétinent le raisin dans la cuve. La fermentation s'opère dans des cuves en bois ou en maçonnerie plus ou moins fermée. Le décuvage est l'opération qui consiste à faire écouler par une grosse cannelle le vin dans des vases, puis dans des tonneaux. Quand le vin est près pour la table, on le met en bouteille, les vins gagnent en vieillissant, on favorise leur bonification par le collage, le coupage et le soutirage. Les vins plâtrés se conservent très longtemps et ne souffrent pas d'un long voyage.

Les principales maladies auxquelles le vin est sujet sont : la graisse, la pousse et l'acescence ; ces maladies sont, d'après M. Pasteur, dues au développement d'organismes microscopiques.

Pour l'en préserver il suffit de chauffer le vin à une température d'environ 60°.

A l'analyse chimique, le vin donne de l'eau, de l'alcool, du tanin, de l'acide acétique, du tartrate, acide de potasse, plusieurs autres sels et un peu de mucilage.

Les vins rouges doivent leur coloration à un principe contenu dans l'enveloppe du raisin noir, il suffit d'enlever cette enveloppe pour obtenir du vin blanc. Le goût du vin est produit par l'acide œnanthique, les vins mousseux renferment de l'acide carbonique, en dissolution, les vins secs contiennent beaucoup d'alcool, les vins sucrés proviennent de raisins très sucrés, les vins cuits s'obtiennent en mêlant du moût de raisin évaporé jusqu'à consistance sirupeuse avec du moût non fermenté. Le vin est d'autant plus tonique et stimulant qu'il contient plus d'alcool. Les vins très faibles désaltèrent bien, mais provoquent souvent des dérangements intesti-naux.

Les vins riches en tartre et fortement colorés, sont astringents, les vins blancs sont diurétiques.

La vendange.

La *vendange* (1), c'est la récolte des raisins pour faire
du vin.

(1) Le mot vendange vient du latin *vindania*, de *vinum*, vin, et
demere, prendre.

Puisque nous venons de vous parler des vendanges, disons, à titre de curiosité, qu'il y a des *saints vendangeurs*. C'est le titre qui a été donné par des habitants des campagnes aux saints dont la fête tombe à la fin d'août ou au commencement de mai, époque où les vignes sont exposées à être gelées.

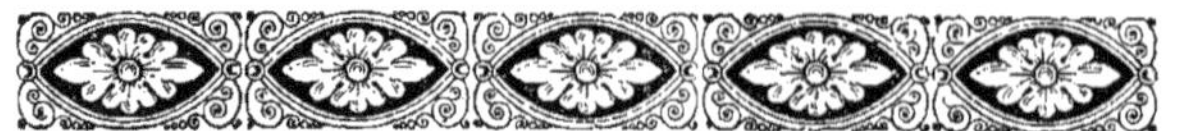

A PROPOS DES VENDANGES

La propreté du matériel de vinification est une des conditions les plus importantes pour assurer la bonne qualité et surtout la bonne conservation du vin. Dans les grands vignobles, on opère par l'étuvage à la vapeur qui présente en outre l'avantage de détruire tous les organismes pouvant exister sur les parois.

Cet étuvage se fait à l'aide d'un générateur à vapeur que l'on met en communication avec le foudre au moyen d'un tube en caoutchouc. Lorsqu'on ne dispose pas d'un appareil de ce genre, on a recours à la chaux vive. Ce procédé consiste à jeter dans le foudre 15 ou 20 kg. de chaux, suivant la capacité, et à l'arroser d'une petite quantité d'eau pour le faire fuser, on bouche ensuite tous les orifices. En s'éteignant, la chaux vaporise une partie de l'eau introduite et détermine ainsi un gonflement du bois.

La chaux éteinte on l'enlève et on lave ensuite plusieurs fois à grande eau.

Les *futailles neuves* demandent à être affranchies des substances astringentes solubles (tanin) contenues dans le bois et qui communiqueraient au vin un goût plus ou moins désagréable.

A cet effet elles seront lavées avec de l'eau chaude contenant en dissolution 1 kg. de sel de cuisine par hectol. d'eau.

Plusieurs rinçages à l'eau feront ensuite disparaître toute trace de sel.

Les futailles vieilles peuvent présenter plusieurs altérations, il est possible de se rendre compte de leur nature par l'odorat ou la dégustation. Dans ce dernier cas on introduit dans le récipient un verre de vin légèrement chauffé que l'on goûte ensuite après avoir préalablement fait passer sur toute la surface intérieure de ce récipient.

La *moisissure* des fûts est une altération trop fréquente et aussi des plus difficiles à guérir. Si elle est peu prononcée, il suffira de laver énergiquement avec une dissolution d'acide sulfurique au 1 10, c'est-à-dire de 1 litre d'acide dans 9 litres d'eau. Pour opérer cette dissolution, il faut avoir bien soin de verser peu à peu l'acide sulfurique dans l'eau en agitant chaque fois. Jamais on ne

devra faire l'inverse si l'on ne veut s'exposer à recevoir des éclaboussures d'acide sur la figure et les mains.
Si l'intérieur du récipient est tapissé de moisissures, il
ne faut pas hésiter à défoncer le tonneau et à le frotter
énergiquement à l'eau chaude avec une brosse de chien-

Marchand de tonneaux.

dent, ou bien on aura recours à la dissolution de 120 gr.
de bisulfate de chaux dans 10 litres d'eau. Après avoir
roulé et rincé on lavera ensuite avec de l'eau salée à
raison de 500 gr. de sel de cuisine pour 10 litres d'eau.

Les futailles *pourries* sont celles où les moisissures ont
pénétré le bois. Une altération aussi profonde exige un
grattage énergique et soigneux de toutes les parties du

bois qui présentent une tache brune et la carbonisation
de la surface. Le mieux est encore d'en faire le sacrifice
et de destiner ce récipient à un autre usage. Le goût
d'*aigre* est dû à l'ascescence du vin qui imprègne le bois,
c'est-à-dire à sa transformation en vinaigre. C'est peut-
être l'altération la plus fréquente. On y remédie souvent
par un étuvage à la vapeur ou même un simple lavage à
l'eau bouillante.

Dans le cas où le fût ne serait pas affranchi après cette
opération, il suffira d'introduire par hectolitre de capacité un lait de chaux obtenu en délayant un kilog. de
chaux dans 10 litres d'eau ou bien une dissolution de
potasse ou de soude à raison de 100 grammes pour la
même proportion d'eau. On peut également employer
une lessive alcaline chaude faite avec des cendres de
bois ; celles des sarments sont très riches en potasse.
Roulez ensuite à plusieurs reprises et remplacer la lessive encore tiède par de l'eau froide qu'on laissera sé-
journer trois ou quatre jours. Contre le goût de *lie* ou
de *sec*, on emploiera une dissolution dans l'eau bouillante
de 100 grammes de tanin par hectolitre de capacité qu'on
laissera dans le récipient pendant plusieurs jours. Le
liquide sera ensuite remplacé par une dissolution de
100 grammes de soude par 10 litres d'eau. Roulez, puis
rincer à l'eau froide.

Chacune de ces différentes opérations du traitement des altérations de la vaisselle, devrait toujours être complétée par plusieurs lavages à grande eau. On se rendra compte par l'odorat ou la dégustation si le résultat cherché est atteint, on achevèra l'assainissement du récipient en y faisant brûler du soufre. Dans ce but, on trouve dans le commerce des mèches soufrées qui sont très commodes.

La veille du remplissage il suffira d'ouvrir les récipients ainsi traités pour permettre le dégagement de l'acide sulfureux qui pourrait nuire à l'achèvement de la fermentation et décolorer le vin.

Enfin tous les autres appareils faisant partie du matériel de vinification, pompes et accessoires, tuyaux, entonnoirs, etc., seront stérilisés à l'eau bouillante.

*

Les vieilles coutumes s'en vont ; les fêtes d'antan se meurent ; les joyeuses confréries d'autrefois se dispersent ; les gaies réunions de jadis au jour du pressurage sont abandonnées.

C'était d'abord la *louée*. Dans les communes on voyait

vers la fin de septembre ou le commencement d'octobre,
arriver des groupes d'hommes et de femmes la serpette
au poing, le panier au bras. Presque tous miséreux, en
loques, heureux de huit jours de pain assuré, ils se ran-
geaient sur la place de l'Hôtel-de-Ville, où les vignerons

venaient faire leur choix et embaucher les ouvriers dont
ils avaient besoin, évitant autant que possible les gens
de la ville, « les panses de mouton, disaient-ils, qui tra-
vaillent surtout de la langue et de la mâchoire. » Aujour-
d'hui, cette coutume pittoresque de la *louée* n'existe plus
aux environs de Paris. Les vignerons n'ont plus besoin
d'autant de bras pour faire leur vendange. Quelques

amis, quelques jeunesses trop heureuses de mordre à chaque grappe, de se barbouiller le nez et la figure, suffisent amplement à la besogne.

Au jour du pressurage, il y avait de tapageuses réjouissances ; les confréries de vignerons fêtaient les unes

Duel des buveurs.

Saint-Vincent, les autres Bacchus, le *grand saint Tortu*, ainsi désigné parce qu'il faisait trébucher et marcher ses fidèles tout de travers. Les premiers, après avoir fait chanter une messe en l'honneur de leur patron, promenaient sa statue dans les rues en dansant et en chantant une complainte en l'honneur du saint dont le refrain était :

> Saint Vincent notre bon patron
> Mouille, mouille, mouille,
> Mouille-nous les dents.

Les disciples de Bacchus, eux, pratiquaient une sorte de culte qui avait des rites déterminés. Leur grand maître, l'*abbé des vignerons*, faisait placer la statue du dieu en haut du pressoir. En entrant, chacun était tenu de fléchir le genou devant la face rubiconde du dieu. Malheur à qui l'oubliait. L'infortuné était couché sur le ventre et frappé d'un nombre déterminé de coups de pelle sur le dos.

La fête se terminait par le *duel des buveurs*, où celui qui absorbait le plus de vin doux était proclamé champion de *saint Tortu*.

Aujourd'hui, quelques rares pays célèbrent encore par des processions bachiques l'époque des vendanges. Argenteuil est la ville où l'on a le mieux conservé la tradition. Mais plus de repas de corps ni de danses. Chaque vigneron donne un petit festin à ses invités et, comble de l'ironie, chez presque tous, la fête se termine, non plus par des chansons en l'honneur du dieu Bacchus, mais par des romances sentimentales où chacun pleure au refrain.

C'est ici que je vous demande la permission de vous
citer cette belle page de notre ami, Oscar Havard, sur la
Bénédiction des Raisins.

« Dans les premiers siècles de l'Eglise, dit-il, alors
que les apôtres de la Gaule engageaient la lutte avec le pa-
ganisme des campagnes, la vérité n'éblouit pas toujours
du premier coup les âmes. Ce fut pied à pied que l'Eglise
gagna le terrain, que la superstition et le polythéisme
avaient envahi. Les évêques et les moines se trouvaient
en face d'une population attachée à ses réjouissances et
à ses fêtes.

Fallait-il condamner cet attachement ?

Plein de condescendance pour les humbles et les
pauvres, les propagateurs de l'Evangile ne crurent pas
devoir sevrer les nouveaux convertis des divertissements
légitimes. En agissant de la sorte, ils obéissaient aux
prescriptions de saint Grégoire le Grand. « Ne suppri-
mez pas les festins que font les Bretons dans le sacrifice
qu'ils font à leurs dieux, avait dit l'illustre pontife à ses

missionnaires ; transportez-les seulement au jour de la
Dédicace des Eglises ou de la fête des Martyrs, afin que,
conservant quelques-unes des joies bruyantes d'autrefois, ils soient plus amenés à goûter les joies spirituelles
de la foi chrétienne. »

Ce langage de saint Grégoire le Grand révélait une
grande connaissance du cœur humain. Au lieu de pres-
crire les fêtes, l'Eglise les encouragea. C'est ainsi que la
plupart de nos solennités religieuses se prolongèrent pour
ainsi dire dans la vie sociale des peuples. Aux cérémo-
nies liturgiques s'ajoutèrent les divertissements profanes
inspirés et dirigés par l'Eglise elle-même, l'Eglise prési-
dait à toutes les joies.

C'est au xvi⁰ siècle seulement que ce régime fut en-
tamé. Les protestants firent tout à la fois la guerre aux
dogmes et aux fêtes. Un voile de tristesse funèbre enve-
loppa tout à coup les esprits subjugués par Luther, par
Calvin, par Knox. Les chefs de la réforme prescrivirent
les chants, les jeux et les danses. Après avoir dévasté les
temples, ils dévastèrent les âmes. Chez nous, le jansé-
nisme essaya de nous associer à ce deuil et dans plusieurs
contrées il ne réussit que trop bien à faire du peuple le
plus spirituel de la terre, le peuple le plus renfrogné et
le plus morne. Mais grâce à Dieu, cette influence fut de
courte durée et le caractère national ne subit pas une

sérieuse atteinte. Ce qui le prouve, c'est que dans maintes de nos provinces survivent encore de nombreuses coutumes qui témoignent de la vitalité des mœurs chrétiennes. Là où les fêtes déclinent, le rôle des curés et des châtelains est, ce nous semble, de réveiller le souvenir de ces antiques réjouissances, de cette liturgie extra-canonique, de ces rites aimables que l'Eglise protégeait pour nous aider, suivant l'auguste expression de Bossuet, « à gravir le rude sentier » et que la mômerie protestante voulut abolir. En participant à des fêtes organisées par l'Eglise, les paysans apprendraient à aimer davantage « cette bonne Mère qui, comme le dit un jour Michelet, pleine de condescendance pour ses fils, les laisse joyeusement batifoler sur ses genoux. »

De même que les Israélites, les vignerons avaient autrefois l'usage d'offrir à Dieu les prémices de leur récolte. La Réforme et la Révolution tournèrent en dérision cette coutume et la prohibèrent ; mais en dépit de l'opposition suscitée encore de nos jours, par les adversaires des vieilles traditions religieuses dans beaucoup de contrées au moment des vendanges, les paysans vont à l'église faire bénir les premiers raisins de leurs vignes. Cette offrande dite du « Biot », est particulièrement en honneur dans le Jura, aux environs d'Arbois. La cérémonie est des plus touchantes. Le *Biot* est porté par quatre vigoureux vignerons ; de chaque côté du cortège quatre honorables propriétaires, portant des emblèmes qui représentent les armes de la ville d'Arbois, enguirlandées de pampres et de raisins. Derrière le *Biot*, s'avance toute la population du pays. Quand M. Pasteur, originaire comme on le sait de la ville d'Arbois, se trouvait en villégiature dans le Jura, il ne manquait jamais d'assister à cette solennité rustique. Au cours de l'automne de 1883, on le vit marcher en tête de l'escorte, accompagné du président de la Société de viticulture et d'horticulture d'Arbois (1). A la suite défilait une escorte de vieux vignerons, types de l'honneur et du travail ; enfin une masse imposante d'hommes de tout âge et de toute condition fermait le cortège... Une messe est célébrée par le curé de la paroisse qui procède ensuite à la bénédiction du *Biot*. A l'évangile un prêtre monte en chaire et adresse aux vignerons quelques paroles d'édification.

Au moment des vendanges, dans certains cantons de Bourgogne, les marguilliers ou le sacristain vont chez les vignerons recueillir les offrandes de vins destinées au curé. Cette dîme volontaire n'est refusée pour ainsi dire par personne. Des statuts diocésains font un

(1) Voir l'intéressant ouvrage : *Un bienfaiteur de l'humanité, Pasteur*, par F. Bournaud, 1 vol. in-4°, ill., Tolra, éditeur. Paris.

devoir au pasteur de ne pas décliner une ressource consacrée par la tradition. C'est dans le canton de Meursault (Côte d'Or), que les *quêtes de la Passion* se sont le mieux conservées. Pendant la période aiguë de la persécution religieuse (1880 à 1886), quelques magistrats municipaux, croyant faire leur cour au gouvernement, essayèrent d'abolir la coutume. A Bligny-sous-Beaune, par exemple, le maire interdit la quête que le curé et les religieuses faisaient dans la paroisse au temps des vendanges. Le curé, fort de son droit, envoya comme d'usage son bedeau recueillir le vin dans les pressoirs. Plusieurs procès verbaux furent dressés. Mais le ministère public, après avoir examiné l'affaire, refusa de poursuivre, et le commissaire de police fit savoir au curé que les *quêtes de la Passion* n'avaient désormais rien à craindre.

A Vevay, dans le canton de Vaud (Suisse), on célèbre tous les quinze ans, la fête des vignerons. Cette fête fut instituée par les religieux du couvent du Haut-Cret, qui défrichaient les roches des environs de Vevey, et y plantèrent la vigne, aujourd'hui la principale ressource du pays. Pour récompenser les vignerons de leur labeur, les bons moines imaginèrent de les rassembler à Vevay chaque année et de leur accorder le plaisir d'une procession dans la ville, procession accompagnée de chants sacrés et profanes en patois du pays. Le protestantisme voulut supprimer cette solennité joyeuse mais les bonnes gens de Vevay résistèrent, et c'est ainsi que dans un pays calviniste, nous assistons à cette étrange anomalie du maintien d'une confrérie d'origine catholique qui, depuis des siècles, continue à fonctionner sous le nom d'abbaye de vignerons, avec cette devise : *Ora et labora.* Quand la procession se met en marche, en tête du cortège s'avance : M. l'abbé, le conseil, le secrétaire, le constable, le prieur, le cellérier de l'abbaye, etc.

Un vénérable moine bénédictin du xvie siècle, dom Claude Fauchet, prieur d'Auteuil-en-Valois et « aumônier du roi », a consacré un poème à la description des *Plaisirs des champs.*

Les vendanges figurent naturellement en bonne place. Voici le « messager » qui, présageant le beau temps, retient ses vendangeurs pour le lendemain ; voici le conducteur de la joyeuse bande qui assigne à chacun sa tâche, surveillant les filles qui « friandes de nature et gloutes », cueillent des raisins et

> N'en séparent point trois qu'ils ne mangent des deux

tandis que.

> Le hoteur va et vient gaillardement chantant.

Le repas de midi sépare en deux la journée qui se prolonge jusqu'à la nuit.

> Aussitôt vous voyez chacun trousser bagage.
> Et le panier au bras retourner au village
> Les filles d'un costé se prennent par la main
> Et chantent sans chômer la chanson en chemin.

Sous ce rapport rien n'est changé depuis trois siècles.
On chante toujours. Voici quelques couplets recueillis
par l'un de nos amis.

> La vendange pour la jeunesse
> Est le rendez-vous des plaisirs,
> Elle égaye encor la vieillesse
> Par d'agréables souvenirs.

> Voyez la vieille qui grapille
> Riant, admirant ses enfants,
> J'étais gentille,
> J'étais gentille,
> Dans mon temps.

> Mais à présent, comme tout change !
> Jeunes filles, jeunes garçons,
> A vous de faire la vendange
> Du bon vin des vignerons.

*
* *

Puisque nous venons de parler des vendanges, rappelons quelques proverbes de septembre qui ont une saveur de vin nouveau :

> La vendange est bonne.
> Quand en septembre il tonne.

> Etoiles filant en septembre
> Tonneaux trop petits en novembre.

> Pluie du jour de Saint-Grégoire
> Autant de vin de plus à boire.

> Grand brouillard à la Saint-Omer
> Raisin coupé n'est pas amer.

> Pour le petit vin de famille.
> Vendange au jour de Saint-Maurille

> Qui n'a pas semé à la Croix,
> Pour un grain peut en mettre trois.

> Saint-Lambert pluvieux
> Neuf jours dangereux.

Raisins de table

Quant aux raisins de table donnons leur époque de maturité :

Morillon hâtif.	Août
Malingre.	15 Août
Madeleine Angevine.	—
Précoce de Malingre.	—
Madeleine royale.	Fin Août
Lignau blanc	—
Chasselas vert.	—
— doré.	Septembre
— de Fallons.	—
— violet	—
— rose	—
Portugais bleu.	—
Muscat noir.	—
Pineau noir. . , ...	—
Frankenthal.	⎫ Commencement
Cuisant	⎬ d'octobre
Muscat blanc	⎭ —

Les grands vins de France

Voici les noms des vins fins, des grands vins de France.

Château-Laffitte.	Château Haut-Brion
Château-Mouton.	Chambertin.

Château-Margaux.	Champagne Mareuil.
Château-Yquem.	Musigny.
Château-Latour.	Clicquot.

La vendange paraît avoir la plus grande importance sur la qualité du vin, quoique ce soit généralement l'opération à laquelle on apporte le moins de soin. Elle ne devrait se faire que lorsque le raisin est arrivé à parfaite maturité, en plusieurs fois suivant les espèces et même les différentes grappes d'un même cep qui ne mûrissent pas toutes à la fois. On ne devrait de plus vendanger que lorsque le sol et le raisin sont secs, sans quoi on mélange de la terre à la récolte. En France on vendange du 10 au 20 septembre, dans les départements du midi du 20 au 30, ou dans le commencement d'octobre dans les départements du centre. Dans beaucoup d'endroits l'autorité municipale fixe la date d'ouverture de la vendange d'après les experts vignerons, c'est ce qu'on appelle le ban de vendange.

On nous demande souvent comment on peut utiliser pour le vin les fûts ayant contenu de l'huile. Nous n'hésitons pas à indiquer à nos lecteurs une recette qui a donné de bons résultats à la condition d'être bien suivie.

On prend 500 grammes de soude caustique par hectolitre de capacité et on les fait dissoudre à chaud dans 10 litres d'eau, on égoutte ensuite environ 1 kilog. 50 de cendres de four non lessivées. On chauffe à nouveau jusqu'à ébullition. Puis le mélange est jeté bouillant dans le fût que l'on secoue fortement dans tous les sens pendant quelques instants.

Si les fûts sont absolument imbibés d'huile il sera nécessaire de recommencer plusieurs fois cette opération.

Dès que l'on jugera le résultat suffisant on fera plusieurs lavages copieux à l'eau fraîche et on laissera égoutter.

Le nettoyage sera enfin terminé en agitant fortement pour neutraliser l'excès de soude qui resterait sur les parois, de l'eau acidulée à l'acide sulfurique, on égoutte ensuite et on mèche fortement.

Les Marcottes.

La vigne se reproduit très facilement par ce moyen. Voici comme M. Gressent, l'habile professeur d'arbori-

Les marcottes.

culture, recommande de procéder. On plante un pied de vigne vigoureux, on le fume copieusement et lorsqu'il est bien enraciné on le coupe à 30 centimètres du sol.

Pendant l'été on choisit sur une souche cinq ou six bourgeons vigoureux et on supprime les autres. Les bourgeons anticipés et les vrilles sont supprimés ; on palisse les bourgeons sur des échalas et l'on en pince l'extrémité lorsqu'ils ont atteint la longueur de $1^m,20$ à $1^m,50$. L'année suivante, au printemps, on supprime les sarments faibles, s'il y en a, pour ne conserver que les vigoureux ; on ouvre des rigoles profondes de 25 centimètres environ autour de la vigne et l'on y couche les sarments ; on les fixe solidement avec des crochets en bois et l'on recouvre de terre en ayant soin de relever l'extrémité du sarment que l'on fixe sur des échalas. Cela fait on taille sur deux yeux hors de terre.

Il se développe pendant l'été des bourgeons vigoureux ; on supprime les vrilles et les bourgeons anticipés et on les attache aux échalas.

A la fin de la saison la partie couchée est enracinée ; on sèvre la marcotte, on la coupe au ras du tronc et on l'arrache pour la planter à demeure.

M. Gressent préfère la plantation d'hiver lorsque le temps le permet à celle de mars. On donne le nom de *provignage* a l'action de coucher un sarment à l'endroit où il doit croître et vivre, ce qui s'effectue beaucoup dans les vignobles ; les sarments obtenus de cette opération s'appelle des *provins*.

6

Il y a aussi le marcottage en panier où le couchage a lieu dans de petits paniers d'osiers, qui sont enterrés dans la fosse près du cep et emplis de terreau ou de terre de compost, humus provenant de la décomposition végétale. Cette méthode permet le transport facile au moment de la déplantation et fait gagner une année sur les boutures dont les racines sont à nu.

L'Influence de la pluie sur les raisins.

M. J. Persand, professeur de viticulture à Villefranche (Rhône), a eu la curiosité détudier l'influence que la pluie peut exercer sur la composition des raisins.

Cette étude, dont M. J. Persand a publié les résultats dans une petite brochure, offre un réel intérêt au moment surtout où une sécheresse intense, que viennent fort heureusement d'atténuer d'abondantes chutes d'eau, préoccupe à juste titre nos producteurs méridionaux.

Les constatations résultant de ce travail démontrent aussi qu'il n'est guère possible de déterminer par avance l'importance d'une récolte vinicole, celle-ci, dans certaines années où les pluies abondantes succèdent à un temps plus ou moins sec, comme l'année dernière par exemple, pouvant subir des modifications considérables au point de vue de la quantité ainsi qu'on le verra plus loin. C'est au mois d'août 1894, alors que la récolte vini-

cole souffrait d'une sécheresse excessive dans le Beaujolais et en prévision d'un changement prochain de
temps, lequel survint en effet, trois jours après, que M. J.
Persand se livra à diverses déterminations pour suivre
les résultats de cette pluie.

Voici les constatation les plus essentielles que M. J.
Persand eut l'occasion de relever en cette circonstance.
Tout d'abord, trois jours après la pluie, les vignes qui,
auparavant, montraient une appareuse souffreteuse,
avaient repris leur aspect normal et il était probable que
es feuilles, reprenant leur activité végétative, élaboreraient de nouveau de la matière sucrée, ce qui s'est en
effet produit.

Le volume des raisins avait augmenté de 22,5 % pour
les gamays et de 21,2 % pour les chasselas, l'ensemble
de la récolte devait donc ainsi se trouver augmenté de
plus d'un cinquième.

L'eau est absorbée avec une très grande rapidité par
le végétal et son action se manifeste aussitôt dans toutes
les parties de son organisme.

Ainsi qu'on pouvait le supposer, ajoute M. J. Persand,
les modifications dues à la pluie n'ont pas seulement
porté sur le volume de la récolte, mais aussi sur la
composition chimique des moûts. Les raisins se trouvant en ce moment dans des états très différents de

vitalité, les uns, normaux bien gonflés, les autres déjà flasques et d'autres enfin tout à fait flétris, l'honorable professeur voulait se rendre compte de l'action de la pluie sur chacune de ces trois catégories de raisins.

Il résulte des analyses faites dans ce but que trois jours après la pluie, la teneur en sucre avait considérablement diminué chez les raisins flétris (158 gr. 5 et 156 gr. 9 par litre, au lieu de 172 g.), alors qu'elle augmentait d'une façon sensible, chez les raisins normaux (174 gr. 5 au lieu de 161 gr. 25).

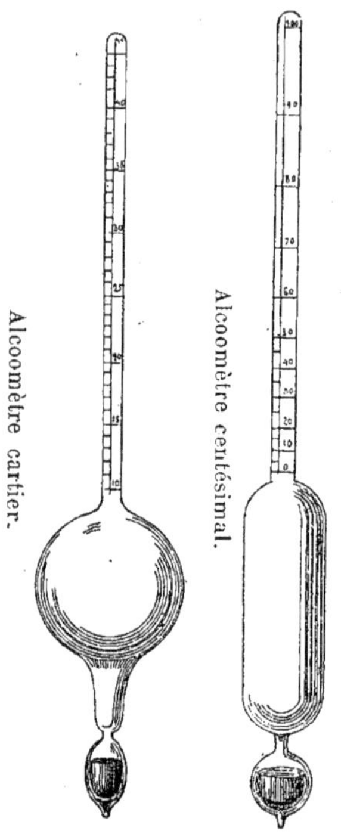

Voici comment M. J. Persand explique ce phénomène.

Dans les raisins plus ou moins flétris, l'action vitale n'existant pour ainsi dire plus, l'effet de la pluie, qui s'est traduit extérieurement par une augmentation énorme du volume des grains, a eu pour conséquence unique de diluer le moût, et par suite d'abaisser en proportion le degré saccharimétrique du moût.

Dans les raisins normaux, au contraire, un double phénomène s'est accompli. Il y a eu d'abord introduction d'eau, qui s'est manifestée par l'agmentation du volume et la diminution notable de titre acide. Puis, les feuilles et les divers organes de la vigne ayant repris toute leur activité végétative, il y a eu élaboration, puis concentration dans les grains de nouvelles quantités de sucre; il ressort de ces résultats, que l'action immédiate de la pluie a été l'introduction d'eau dans les grains et comme conséquence, l'augmentation notable de la quantité de moût obtenue, tandis que l'action ultérieure, très rapide d'ailleurs, a été de provoquer l'élaboration d'une nouvelle quantité de sucre.

La vendange y a donc gagné à tous les points de vue; augmentation de liquide et augmentation de sucre, c'est-à-dire d'alcool.

Le cidre et ses dérivés.

Dans quelques endroits on l'appelle *Pommé*, quand il provient des pommes, et *Poiré*, s'il a été obtenu avec des poires, mais en général on dit : *cidre de pommes, cidre de poires*, pour indiquer la provenance. Lorsqu'on emploie le mot *cidre* tout seul, cela s'applique à celui de pommes. La fabrication du poiré est très limitée, mais celle du cidre, est au contraire très importante dans les pays où le pommier est prospère et où la vigne ne vient pas bien. Pline mentionne le *vin de pommes*, *pomacium* (80 av. J. C.).

En Gaule, le cidre est indiqué au ve siècle ; au vi^e on en buvait dans le Poitou. Charlemagne le signale dans ses *Capitulaires*.

En Normandie, on consommait de la bière jusqu'au xiie siècle ; à cette époque, on commença à fabriquer le cidre dans la vallée d'Auge, l'extension en Normandie eut lieu aux xiiie et xive siècles et surtout au xviiie.

L'usage du cidre est très répandu en Picardie, en Normandie, en Bretagne. La fabrication a lieu dans trente-six départements, en tête desquels se place la Manche. En 1875, la production totale a été de 18 millions d'hectolitres, la moyenne annuelle peut être considérée comme approchant 10 millions d'hectolitres, d'une valeur de plus de 100 millions de francs.

La fabrication du cidre.

Pour fabriquer du cidre de bonne qualité, on mélange des pommes douces et des pommes amères. Les fruits doivent être récoltés par un temps sec et mis dans un endroit couvert.

Il ne faut employer que *les fruits bien mûrs* et rejeter ceux qui sont pourris. Les pommes sont écrasées sous une meule qui roule dans une auge en bois ou en pierre ; ce procédé qui met les fruits en bouillie, s'emploie de moins en moins, on a recours à des moulins appelés *broyeurs* ou *casse-pommes*, qui se composent en principe de deux noix en fonte à dents triangulaires qui s'engrènent.

Les fruits écrasés sont mis dans de grandes cuves où on les laisse macérer jusqu'à ce que le jus prenne la couleur ambrée si recherché. A ce moment, on porte la pulpe sur un pressoir. Le jus obtenu, légèrement filtré, est mis à fermenter dans des tonneaux, au bout de quatre

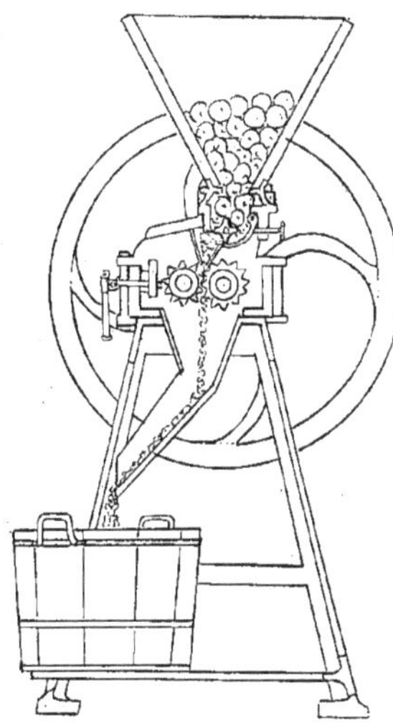

Broyeur.

à cinq jours, la fermentation tumultueuse est arrêtée et laisse de la lie et de la mousse.

Dans certaines contrées, après cette première fermentation, on soutire le liquide. Lorsque le cidre n'est pas soutiré, il devient *dur*, et acquiert une saveur légèrement acide.

Pour obtenir le *cidre mousseux*, qui est une boisson sucrée, on le met en bouteilles, qu'il faut avoir soin de ficeler solidement.

Le cidre mal fabriqué contracte *de l'acidité*, *de la viscocité*, et dans ce cas on dit *qu'il pousse à la graisse*. Certains cidres se tirent en présence de l'air: ils prennent une coloration foncée; c'est le *noircissement*.

La majeure partie des cidres ne se conservent qu'une année; certains peuvent durer trois à quatre ans. La *fabrication du cidre de poires* est identique à celle que nous venons de décrire.

La bière et le houblon.

Le houblon (1) qui sert avec l'orge ou le blé à faire la

(1) Plante grimpante qui croît naturellement en Europe et dont le cône est employé pour fabriquer la bière. Cette plante habite aussi l'Amérique septentrionale.

bière, est principalement cultivé dans le Nord-Est de la
France, en Allemagne, en Belgique, en Angleterre. Le
principe actif, la *lupuline*, s'y trouve associé à de la
résine, de la gomme, de l'huile essentielle et du soufre,
de l'acide morintannique et du quercitrin. Les cônes sont
surtout employés pour aromatiser la bière à laquelle ils
donnent sa saveur et son odeur caractéristiques, ou les
utilise en médecine comme stomachiques, fondants et
dépuratifs, en infusion et en décoction, 16 à 32 grammes
dans 1 kilogr. d'eau).

Le houblon demande une terre un peu profonde, sub-
stantielle, mais légère, plutôt humide et à l'abri du
vent. Les pieds sont plantés après un labour profond, à
deux mètres de distance les uns des autres et disposés
en quinconce, la plantation peut être faite en automne
ou de préférence au printemps, la floraison commence vers juillet, à ce moment le houblon demande
beaucoup d'eau, la maturité est complète après deux
mois. On coupe les tiges à 1 mètre de terre et on
recueille les cônes fructifères, on les sèche sous des
hangars, quelquefois même dans des fours.

La bière dans l'histoire.

L'usage de la bière remonte à une haute antiquité.

Au temps de Moïse, la bière était connue en Egypte et les Grecs, qui le nommaient *vin d'orge*, en attribuaient l'invention aux Egyptiens, spécialement aux habitants de Péluse.

Les Latins lui donnaient le nom de *Cerevisia* (1) d'où vient le nom de *Cervoise*.

Les Espagnols, les Gaulois, les Germains la connaissaient de temps immémorial.

« Les anciens statuts des brasseurs de Paris de l'an 1292 l'appellent *cervoise*, et portent que nul n'en peut faire, sinon d'eau et de grain, c'est à savoir, d'orge, de méteil, ou de dragée, c'est-à-dire de seigle et d'avoine mêlés ensemble ; et non point de baie, piment, ou pin

(1) De *Cereris vitis*, vigne de Cérès.

résine ; que toutes choses ne sont nué bonnes ne loyaux à mettre en cervoise ; car elles sont mauvaises au chief et au corps, aux malades et aux sains. Ils défendent encore de vendre de la bière aigre ou tournée. Les règlements de 1630 défendent d'y mettre d'ivraie, sarrasin, ni autres mauvaises matières ; les houblons ne doivent point être mouillés, échauffés, moisis, ni gâtés (1). »

(1) Trèv.

Fabrication de la bière.

L'orge est la céréale la plus employée. On se sert p ar-
fois de froment, de seigle ou bien d'avoine (la bière de
Louvain lui doit son goût délicat) et même de maïs et de
riz; on peut en faire avec tous les fruits amylacés. La fabrication de la bière comprend quatre opérations succes-
sives.

1° *Germination de l'orge et maltage.* L'orge doit être
toute de la même année pour que tous les grains ger-
ment en même temps, ou on les fait tremper dans l'eau
froide (*mouillage*) ; ceux qui sont mauvais surnagent et
sont enlevés et on renouvelle l'eau jusqu'à ce qu'elle reste
bien limpide.

Lorsqu'ils sont suffisamment gonflés et qu'ils s'écrasent
facilement sous l'ongle on les étend en couches de plus

en plus minces, que l'on remue dès que la chaleur s'y
développe, ce qui marque le début de la *germination*, laquelle est favorisée par une température de 14 à 18°.
En 8, 14 ou 21 jours, la gemmule atteint environ la longueur de la graine en même temps qu'un dégagement
considérable d'acide carbonique se produit, de sorte que
l'air doit être sans cesse renouvelé. L'orge est alors des-
séchée à l'air libre ou mieux dans des étuves nommées
tourailles. Après le touraillage on laisse refroidir le grain
et on brise les germes au moyen du piétinement, du cri-
blage, etc., ces germes (touraillons) sont employés à la
nourriture des bestiaux ; quant au grain, il constitue le
malt ; 100 kilogrammes d'orge fournissent 92 hect. de
malt vert.

2° *Brassage ou saccharification*. — On écrase grossiè-
rement le malt puis on le place sur un diaphragme criblé
de trous au-dessus du fond d'une grande cuve (*cuve matière*) dans laquelle arrive de l'eau à 60°, de façon à former une pâte épaisse (*empâtage*) ; il faut 750 kilogrammes
d'eau pour 100 kilogrammes de malt, puis le mélange
(moût) est brassé au moyen d'*agitateurs* (*fourquets*), on
laisse reposer une demi-heure puis on fait arriver dans la
cuve de l'eau à 90°, on brasse de nouveau, on ferme la
cuve et on attend trois heures.

Sous l'influence de l'eau chaude, un ferment spécial, la *diatase*, développée dans le grain pendant la germination transforme l'amidon de ce grain en une matière sucrée, la dextrine, puis en glycose. Enfin, on soutire la partie liquide ou moût et avec le résidu qui se trouve dans la cuve, on fait une deuxième trempe avec de l'eau à 70°, et même une troisième avec de l'eau à 80° ; les deuxième et troisième trempes constituent ce qu'on appelle les *petites bières*. Le résidu s'appelle *drèche*. Cette méthode du brassage dite par *infusion* est répandue en Angleterre, Belgique, nord de la France.

Dans une autre méthode dite de *décoction*, usitée en Allemagne, Bavière, Autriche, une grande partie de la France, on met d'abord le malt en contact avec de l'eau froide, on ajoute de l'eau chaude, on laisse reposer puis on chauffe le mélange jusqu'à ébullition pendant une demi-heure. Dans le premier procédé la saccharification est complète et la bière est bien plus chargée d'alcool. Dans le second, par suite de la coagulation des matières albuminoïdes ou de la diastase, la saccharification est incomplète, le moût renferme plus de dextrine, mais moins de glycose, et la bière moins chargée d'alcool est plus nourrissante.

3° *Houblonnage*. — Cette troisième opération s'effectue

dans des chaudières autant que possible fermées, dans lesquelles on fait bouillir le moût en présence des cônes ou fleurs femelles du houblon (650 à 1.200 grammes par hectolitre). Le houblon aromatise la bière et, grâce au tannin qu'il contient, précipite les matières albuminoïdes en suspension dans le liquide, ce qui en favorise la conservation. Enfin, par le refroidissement, les matières insolubles se précipitent et le moût se clarifie.

4° *Fermentation.* — Le moût transporté dans les *cuves guilloises* est alors apte à subir la fermentation alcoolique ; celle-ci peut se faire spontanément, mais alors elle est très lente. C'est au moyen de la fermentation spontanée qu'on obtient les bières acidulées de Belgique, le *faro* et le *lambik.* Le plus souvent, pour la hâter, on ajoute au moût une certaine quantité de *levure de bière* fraîche, obtenue dans une précédente opération. L'agent de la fermentation est nos champignons microscopiques, le *Saccharomyces cerevisiæ.* Il y a différents procédés qui peuvent se ramener à deux : fermentation superficielle et fermentation ce dépôt. Dans la *fermentation superficielle,* ou *haute,* la levure (1 0/0) placée dans la cuve découverte détermine bientôt la formation d'une mousse blanche à la surface, le moût soutiré est placé dans des caves, où règne une température de 18° à 20° ; il sort par le trou de bonde des tonneaux une écume visqueuse, qui n'est autre que de la levure ; la fermentation est terminée au bout de trois jours. La *fermentation par dépôt* ou *basse* se fait lentement, à une basse température et la levure se dépose au fond des tonneaux, la température est maintenue à 5 ou 6° avec de la glace. L'opération dure 8 à 10 jours, pour les petites bières. Pour les bières fortes, ou de conserve, les choses sont abandonnées à elles-mêmes pendant six mois ou un an, dans des caves dont la température ne dépasse pas 1 ou 2°, ce qui exige une dépense de glace fort grande, soit 100 kilogrammes de glace par hectolitre de bière.

Seulement, cette dernière méthode est beaucoup plus coûteuse, mais elle donne une bière meilleure et d'une conservation facile.

De plus, cette méthode est praticable par n'importe quelle saison et dans les pays les plus chauds, comme dans les Indes anglaises, par exemple, où se fabriquent de grandes quantités de bière. Cette méthode tend d'ailleurs à se généraliser.

Nous devons ajouter pour terminer, que les bières à température basse n'ont pas besoin d'être clarifiées, tandis qu'il faut, au contraire, toujours coller les bières à fermentation superficielle.

Ce *collage* se fait au moyen de la colle de poisson.

Rappelons que M. Pasteur (1) a modifié de la façon
la plus heureuse la fabrication de la bière, surtout en ne
laissant arriver sur le moût en train de se refroidir que
de l'air stérilisé, débarrassé de tous germes nuisibles, au
moyen de son passage à travers la flamme d'un bec de
gaz, et son tamisage à travers une couche de coton.

(1) Voir le livre de M. François Bournand : *Pasteur, sa vie, son
œuvre* (Tolra, éditeur).

Les altérations de la bière.

On distingue quatre principales sortes d'altérations de la bière ; la *bière aigre*, la *bière plate*, la *bière filante*, et la *bière moisie*.

La *Bière aigre* est due à l'acide lactique, qui se forme quand on la laisse à l'air.

La *Bière filante* est un accident fréquent, qui arrive lorsqu'on s'est servi de froment, et qui est dû à la fermentation visqueuse, déterminant la formation d'un mucus appelé *glaïadine*.

La *Bière plate* est due à l'absence d'acide carbonique, qui s'est échappé à travers les tonneaux mal clos, ou qui ne s'est pas formé en quantité suffisante.

La *Bière moisie* est un accident qui arrive fréquemment dans les bières plates.

Les différentes espèces de Bières.

Chaque pays modifiant à sa guise les détails de fabrication de la bière, on désigne celle-ci par le nom du pays d'origine.

Les bières à fermentations très lentes de Belgique, qu'on nomme généralement *Faro*, sont aigrelettes.

Les *bières françaises* comprennent trois variétés : les *bières fortes*, préparées avec de la levure basse et semblables à celles de Bavière : les *bières faibles* se rapprochant de celles de Belgique, fabriquées avec de la levure haute et enfin les *petites bières*, ou de la troisième trempe.

Les bières anglaises sont très fortes, chargées d'alcool, amères et aromatiques. On les divise en *bières pales*, *pale Ale* et *bières colorées*, *Stout*, *Porter*, qui diffèrent des premières en ce qu'on emploie du malt qui est plus ou moins torréfié.

Les *bières allemandes, bavaroises, saxonnes,* etc... sont fortes et très bonnes.

Les *bières autrichiennes* et *hongroises* sont claires, légères, parfumées et peu alcooliques.

De la composition de la bière.

La composition de la bière varie suivant le mode de la fabrication.

En général, elle renferme : de l'eau, de l'alcool, de le dextrine, de la glycose, des essences aromatiques, le principe amer de houblon, des matières extractives, de la glycérine, des phosphates, des chlorures, des ma-tières albuminoïdes.

La qualité de la bière, c'est-à-dire l'effet agréable qu'elle produit sur le goût, est en relation avec sa richesse en alcool et en matières extractives.

La bière de Paris contient	3 1/2 0/0	d'alcool
» de Strabourg contient . . .	4 1/2	»
» de Lyon contient	5 1/2	»
Les bières allemandes	4 0/0	»
» autrichiennes	3 1/2	»
» anglaises.	7 0/0	»
» belges.	6 0/0	»

QUELQUES PRODUITS

Les fromagès.

Les fromages sont des produits très importants de l'agriculture, mais beaucoup ignorent. à quelles époques ils sont fabriqués, à quelles dates il faut les manger.

Nous croyons donc utile de vous montrer le *calendrier des Fromages* :

Bondon	Été-hiver
Brie	Hiver
Camenbert	Été-hiver
Cantal.	Hiver
Cheddar	»
Chester	»
Coulomniers	»
Dauphin	»
Gérardmer	Été
Gervais	Hiver

Gex.	»
Gagouzole	»
Gouvray	Été-Hiver
Gruyère	»
Hollande.	»
Laguiole.	Hiver
Lunbung.	»
Livarot	»
Marvilles	»
Montbrison	»
Monlhéry.	Été-Automne
Mont-d'Or	Été
Munster	Hiver
Olivet.	Été-Hiver
Natrinal.	Hiver
Parmesan	Été-Hiver
Port-l'Évêque.	Été
Port-du-Salut.	»
Roller	Hiver
Romatour	»
Roquefort	Été-Hiver
Saint-Florentin	Hiver
Saint-Marcellin	Hiver-Été
Saint-Vectum.	Hiver
Sanenaze	»
Septmoncel	»
Soumintra.	»
Stilton	»
Thaure	Été-Hiver

Le fromage, qui est un des principaux produits de l'agriculture, est un *aliment sain*, nourrissant et qui après le repas, excite les papilles de l'estomac et favorise la digestion.

Si on laisse le lait se coaguler lentement, à la température ordinaire, la crême se sépare et on ne peut faire que des *fromages maigres*, qui ne sont préparés que dans les campagnes et consommés immédiatement. Mais si on fait chauffer le lait à 25 ou 30 degrés avec de la présure, la crême reste incorporée dans le caillé et la masse solide ainsi obtenue subit, suivant les pays, un grand nombre de préparations différentes, d'où résultent de nombreuses variétés de fromages.

On peut les diviser en :

1° Fromages mous et fromages frais.

2° Fromages mous et salés.

3° Fromages à pâte ferme et pressée.

4° Fromages cuits, à pâte plus ou moins dure et pressée.

Le type de la première variété est le fromage de Neufchâtel (Normandie), ou fromage à la crême, qui se vend sous forme de petits cylindres hauts de 4 centimètres.

On peut en rapprocher les autres fromages normands : Camembert, Livarot, Mignot.

Dans la deuxième série, on peut mettre les fromages de Langres, de Brie, de Maroilles ou Marolles.

Dans la troisième catégorie les fromages de Hollande, de Glocester, de Chester, de Norfolk.

Enfin dans la quatrième série, les fromages de Gruyère, le Parmesan.

Il faut citer encore les fromages faits avec des laits de brebis, de chèvre, où on mélange de ces laits avec du lait de vache.

Le Montpellier est un lait de brebis, le fromage du Mont-d'Or est fait avec du lait de chèvre, et le fromage de Roquefort, qui doit ses qualités aux célèbres caves dans lesquelles on le prépare, est fait avec un mélange de ces deux laits.

Le Sassenage et le fromage dit Mont-Cenis sont préparés avec les trois laits de vache, de brebis et de chèvre.

Les fromages sont sujets à plusieurs altérations. Des insectes, tels que le Ciron, des larves de mouches s'y introduisent et les altèrent.

On a vu de vieux fromages acquérir une action malfaisante par suite de l'altération putride de la caséine.

Les cas d'empoisonnement par le fromage présente une analogie frappante avec les empoisonnements par les saucisses et les viandes salées.

La couleur verdâtre des fromages est due au développement des mucorinées, telles que des pariallinus, sorte de cryptogames, sans action trop nuisible.

*
* *

Le *fromage de Gruyère*, qui est si répandu, tire son nom de *Griers* ou *Gruyère* (1), bourg de la Suisse.

Il se prépare en échauffant du lait dans une chaudière à une température modérée, on ajoute de la présure, puis on bat jusqu'à ce que la masse prenne une couleur jaunâtre. On coule dans des moules qui ont la forme de meules et on presse pendant plusieurs heures.

On place ensuite le fromage dans des caves où on le laisse plusieurs mois. Il faut avoir soin de tourner fréquemment le fromage et de répandre du sel à sa surface.

Ce fromage se fabrique, surtout, en Franche-Comté et en Suisse.

Dans le midi de la France, on fabrique aussi un fromage de lait de brebis, auquel on donne le nom *de Fourageon*. Ce fromage est très répandu.

(1) Canton de Fribourg.

Le miel.

Le miel (1) est une substance liquide et sucrée que
les abeilles composent avec ce qu'elles recueillent dans
les fleurs et sur les feuilles des plantes.

Dans les pays tempérés, où le miel est une source de
bénéfice pour les agriculteurs, on récolte le miel pendant
l'été.

Le plus souvent, on enfume la ruche afin de chasser
les abeilles de la ruche pleine dans une ruche vide, qui
est placée à proximité. On recueille alors les gâteaux
qu'on espose à une forte chaleur.

On obtient ainsi: le *miel Vierge.*

On obtient aussi un miel moins pur en élevant la température et en brisant les gâteaux.

---

(1) Du latin *mel.* — « Avant que le sucre n'eût été apporté des
Indes, on ne connaissait rien de plus agréable au goût que le miel. »
(Fleury).

On distingue dans le commerce les miels de Narbonne, du Gâtinais, de Saintonge, de Bretagne, de Bourgogne.

Le miel est très rafraîchissant. On le falsifie quelquefois, mais il est facile de reconnaître la fraude en le trai-

tant par la teinture d'iode ; il se produit une coloration bleue s'il y a des impuretés.

Nous aurons l'occasion de parler spécialement des *abeilles* dans le livre que nous consacrerons aux animaux. Parlons simplement aujourd'hui des *ennemis des abeilles*.

Le plus redoutable des ennemis de l'abeille est le papillon nocturne, de l'espèce des phalènes, que les apiculteurs nomment *fausse-teigne*. Les phalènes de ruche sont des papillons au corps velu, aux ailes horizontales

d'un gris obscur, dont l'agilité effrayante est la première cause de leurs succès sur les abeilles affaiblies.

Ils rôdent en espions, à la manière prussienne, se tapissent dans les moindres recoins, et surprennent, par un bond agile, les pauvres sentinelles parfois déjà exterminées par la famine ou quelque autre adversité.

Nous avons vu de quelle abnégation et de quel fier

courage ces sentinelles nous offrent l'exemple dans leur défense contre les ennemis quelconques de la

ruche. La famine, triste fruit des années de sécheresse, et la faiblesse provenant de quelque autre épreuve fatale peuvent seules déconcerter leur vaillance.

Et ce n'est que lorsque leurs rangs, considérablement diminués, ne peuvent plus opposer toute leur force au grand nombre des autres ennemis de la ruche que leur défense fléchit enfin sous l'invasion terrible des phalènes. Entrée dans la ruche avec la rapidité de l'éclair, la phalène y dépose des œufs qui produisent, au bout de quelques jours, une armée innombrable de vers imperceptibles, lesquel s'introduisent sans être aperçus dans les rayons en cire qu'ils dévorent et percent en travers des cellules, formant autour d'eux, dans leur marche, une sorte de rempart ou de galerie qui les met à l'abri des mandibules des abeilles, lesquelles les saisiraient et les emporteraient loin de la ruche, sans cette sorte de galerie hors de laquelle se montre seulement la tête cuirassée de ces ennemis invulnérables.

C'est ainsi que la terrible armée des phalènes, enva-
hit chaque jour la ruche, à la faveur surtout de la
famine qui affaiblit les abeilles, et jetant sous les pas
de celles-ci des filets qui enlacent leurs pattes et les retiennent prisonnières jusqu'à la mort, [consomme souvent
en peu de jours la ruine d'une ruche qui avait donné
d'abord les plus belles espérances.

Les guêpes, les frelons, les crapauds, les lézards, les
araignées, les fourmis, les mésanges et les moineaux,
font aussi la guerre aux abeilles. Ces derniers ont
quelquefois la hardiesse de venir près du rucher, enlever
nos pauvres abeilles et les avaler comme des grains de
blé. Presque aussi rusées que les phalènes, espionnant
toujours, dans le crépuscule du soir, les guêpes rôdent

autour de la ruche en plein jour, épient le moment favorable pour tomber sur les abeilles laborieuses, qui, revenant des champs, chargées et fatiguées, succombent sous l'attaque de cette ennemie, qui, parfois, emporte sa proie et lui ouvre le corps à belles dents, pour manger le miel contenu dans ses entrailles. Pendant l'été de 1871, si fécond en ce genre d'insectes, les guêpes, enhardies

par leur grand nombre, sont venues assassiner, du matin au soir, sur le tablier même de la ruche, nos pauvres sentinelles dont la force n'égale point celle de ces redoutables ennemies. Ainsi que faisait le loup de la Fable au faible agneau, les guêpes prenaient d'abord plaisir à chercher querelle aux abeilles, puis les attaquaient brusquement, et les dévoraient, avec toute la férocité de la vengeance.

Les frelons commettent de pareils attentats. On voit parfois une abeille, tranquillement occupée à faire sa récolte sur les fleurs, être tout à coup enlevée par une de ces guêpes monstres, comme le serait une innocente tourterelle, emportée par un oiseau de proie.

Voici ce que dit de l'araignée le révérend Père Rabaz, en parlant des ennemis de l'abeille : « C'est, à mon avis, le plus rusé, le plus froidement féroce. Qui n'a pas vu, par exemple, sur les fleurs du sainfoin, de grosses araignées arrondies et plates, tenir par la tête, et sans qu'elles puissent faire le moindre mouvement, comme un lion tiendrait une faible brebis, de pauvres petites abeilles, surprises au moment où elles allaient, innocemment et sans défiance, plonger la tête dans le calice d'une fleur, ou qu'elles s'en retiraient encore tout humides de nectar. Montées sournoisement le long de la tige et embusquées soigneusement au milieu de ces jolies fleurs, les araignées attendent là, avec une patience et une hypocrisie féroces qui font mal à voir. C'est la véritable image du diable. Elles ne réussissent que trop, les malheureuses à surprendre les innocentes abeilles, et elles en font ; particulièrement sur cette fleur, un grand dégât. La grosse araignée des Jardins, ou Epeire, ne leur est pas moins funeste, surtout au mois d'août et de septembre, avec sa large toile étalée partout presque invisiblement, dans les bois, les buissons, les charmilles, les treilles, etc. »

LES ANIMAUX

Le bétail.

Pour préserver le bétail contre la chaleur et contre l'entrée des mouches, il faudra garnir les ouvertures des étables avec des toiles que l'on mouillera de temps à autre pour obtenir de la fraîcheur. Toutes les bêtes seront mises au vert, et conduites au pâturage. Mais s'il n'y a pas d'ombre dans les pâturages, il sera bon de rentrer les bêtes dans le milieu du jour. Pour garantir les gros animaux contre les mouches et les taons qui commencent à les tourmenter, il faudra les garnir d'émouchettes, coiffer les oreilles et même enduire la peau d'une solution d'amère (infusion de copeaux amère ou *quassia amara* ou dissolution d'aloès).

L'âge le plus favorable pour l'engraissement est celui où ils ont atteint leur maximum de croissance et où ils ne décroissent pas encore. En effet, à ce moment, ils n'ont besoin pour leur vie que d'un minimum de nourriture. Tout ce qu'on leur donne en plus sert à l'engraissement qui est beaucoup plus vite obtenu.

L'âge vers lequel le bœuf cesse de croître, est entre cinq

et six ans, en général, quant au porc et au mouton, ils atteignent leur maximum de croissance vers un an et demi. On ne peut malheureusement pas toujours attendre ce moment ou bien on est obligé de le retarder.

Daubenton a dit en parlant des moutons : « Si l'on veut avoir des moutons gras dont la chair soit tendre et de bon goût, il faut les engraisser de pouture (à la bergerie) à l'âge de trois ans. Les moutons de deux ans prennent

Les moutons peuvent pâturer.

peu de corps et ont peu de graisse ; à quatre ans ils sont encore plus gros et prennent plus de graisse mais leur chair est moins tendre, déjà à cinq ans elle est dure et sèche, cependant si l'on préfère les produits de toisons et des fumiers, à ceux de la viande on attend encore plus tard.

L'engraissement hivernal du bétail.

C'est généralement à partir du mois d'octobre que les bestiaux ne peuvent plus se rendre au pâturage.

En octobre, on commence l'*engraissement hivernal* des bœufs qui devront avoir travaillé modérément en été, de façon à être déjà en chair pour l'automne, l'engraissement peut alors être rapide.

L'engraissement au foin et au grain seulement est coûteux, on doit y joindre des pailles, des pulpes, des racines. Au début, les pailles et les racines doivent entrer pour les 2/3 en équivalant de foin et 1/3 en foin choisi.

Rappelons qu'équivalent environ à 100 kilos de bon foin :

Jeune trèfle, vesce, luzerne, sainfoin sec. . . . 90^{kg}
Paille d'orge et d'avoine. 400

Fourrage, trèfle et luzerne en vert 400

Pommes de terre 200

Rutabagas. 234

Carottes. 266

Avoine 50

Glands 150

Son de seigle 60

Betteraves. 460

Raves 500

Choux 600

Tourteaux. 50

Topinambours 200

Pour l'engraissement d'hiver des bœufs 5 0/0 du poids de l'animal en bon foin ou en équivalant forment une bonne ration.

Par exemple pour un bœuf de 300 k.

Foin de trèfle . . . . 6^{kg}

Raves 25 kg. soit équivalant 5

Choux du Poitou 30 kg. soit équivalant 6

Paille 10 kg. soit équivalant 4

Pour l'entretien d'un animal, on peut se contenter de 3 1/2 0/0.

La ration doit augmenter à la fin de l'engraissement où il convient d'user surtout d'aliments très nutritifs sous un petit volume.

La distribution des aliments, surtout pour l'engraissement, doit être faite à des heures régulières, fixes, autant que possible 3 fois par jour.

Une bonne méthode pour la préparation des aliments c'est de couper les betteraves et de les mettre en tas par couches avec moitié en volume de menues pailles, on laisse le mélange fermenter environ 4 jours et on le donne après l'avoir recoupé.

Pour un bon engraissement, il faut aussi que la litière soit toujours abondante et très propre. Quand on n'a pas de paille, on peut, dans les pays forestiers, utiliser les fougères, genêts, bruyères, etc. Une excellente litière est la tourbe et aussi la terre sèche bien pulvérisée. Pour cela, on ramasse pendant l'été de grosses mottes qu'on met à l'abri; on peut ramasser, par exemple, la terre des sillons d'écoulement, etc. Chaque jour, on ajoute aux litières pailleuses un peu de ces poussières terreuses. Cette méthode qui économise beaucoup de paille, est excellente, surtout quand le fumier se fait sous le pied des animaux.

Les moutons peuvent généralement pâturer jusqu'en novembre ; mais, comme on ne peut les y conduire ni le matin ni le soir, il convient de leur donner un peu de nourriture à la ferme.

Quand le temps le permet, les porcs doivent être conduits à la pâture dans les forêts où ils trouvent les chataignes, glands, fèves. On peut aussi les mettre pour les fanes, mais pas plus d'une demi-heure, dans les champs où on arrache les betteraves. On peut aussi les conduire dans les champs où l'on vient d'arracher les pommes de terre, topinambours.

Quantité de fumier donnée par tête de bétail.

Le rendement en fumier s'évalue en additionnant le poids de la litière et le poids du fourrage et en multi-

pliant la somme par deux (fourrage + litière) × 2 = fumier.

En certain cas, le chiffre 2 est un peu faible : il est un peu fort dans d'autres. Pour les moutons, il faut le réduire à 1.60 et à 1.10 pour le bétail qui travaille. Un autre procédé consiste à multiplier le poids de l'animal par 35 pour le bœuf à l'engrais, par 30 pour les porcs et vaches, par 22 pour les moutons, par 15 pour les chevaux et bœufs de travail ; le produit représente le poids du fumier produit par an.

Le rendement moyen en fumier est de :

800 à 1.000 kilogrammes pour le porc, 12.000 ou 13.000 (3.000 d'urine) pour la vache.

10.000 ou 11.000 (3.000 d'urine) pour le bœuf.

8.000 ou 9.000 (1.200 d'urine pour le cheval.

500 ou 800 pour le mouton.

Simple causerie sur les fraudes du bétail.

Les fraudes à l'égard du bétail sont nombreuses et on ne saurait trop prendre de précautions contre les super-cheries.

Le cultivateur qui achète une bête quelconque sait parfaitement que le vendeur, ordinairement un maqui-gnon dont il ignore la probité, ne le connaissant pas, peut avoir recours à certaines supercheries susceptibles de bien faire valoir l'animal et d'en opérer la vente au prix le plus élevé possible. Mais il prend rarement garde, et cède souvent à l'influence de beaux discours ou même à de simples réflexions faites par les personnes de l'entourage qui compte inévitablement des compères du vendeur.

Il est aisé à celui qui est prévenu de ne pas tomber dans ce piège ; mais il est d'autres précautions importantes à prendre pour l'achat des animaux, si l'on veut éviter d'être dupes de certaines fraudes.

Le maquignon achète un cheval disgracieux, mal entretenu, l'encolure, la tête et les tendons garnis de crins longs et enchevêtrés. Un coup de tondeuse ; le passage des ciseaux sur la crinière, le toupet, les fanons ; un peu de travail du maréchal-ferrant pour réduire le pourtour du sabot si le pied paraît grand et plat : une ou deux purgations pour faire tomber le ventre s'il est trop gros, etc., toute cette toilette suffit à transformer l'animal et à lui donner un air plus flatteur, avantageux pour la vente.

Cet embellissement n'est pas tout. Le maquignon possède surtout l'art de bien présenter le cheval. Tenu par un homme de petite taille, et en particulier sur un sol en pente, de façon à rehausser le devant, il paraît plus svelte. De légers coups de cravache adroitement donnés sur le devant pour le retenir et sur le derrière pour l'animer, l'obligent à prendre des allures distinguées.

Mais ces *deux pratiques de la toilette* et de la présentation qui permettent de faire valoir les qualités de l'animal, ne constituent pas une fraude.

Où la fraude existe, c'est lorsque, pour masquer certaines maladies, on a recours à des procédés qui en laissent ignorer momentanément l'existence.

Un cheval vicieux, facilement irritable, devient doux et docile en lui administrant quelques gouttes de laudanum dans de l'eau-de-vie. L'absorption de ce breuvage paralyse la sensibilité de l'animal pendant au moins vingt-quatre heures.

Une forte ration de chénevis et d'avoine rend vigoureuse une bête molle et lymphatique.

Ces deux fraudes sont aisées à reconnaître par un examen un peu attentif; l'irritabilité de l'animal est telle qu'il se soustrait aux attouchements de la main.

Les seimes et cicatrices du pied sont cachées avec de la gutta-percha; les tapes écorchées pour simuler une plaie; les molettes diminuées à l'aide de bandes de drap imprégnées d'astringent. Une forte saignée, un traitement à l'arsenic, ou un séjour au pâturage masquent la pousse par un délai relativement long qui parfois surpasse celui de la garantie.

Le *cornage* est une affection qu'il est aisé de provoquer et de faire durer huit jours sans aucune conséquence pour l'animal. Certains maquignons achètent un cheval avec toutes les garanties nécessaires et l'envoient le plus loin possible. Au bout de quelques jours le vendeur est avisé que l'animal est cornard, et le marché résilié de ce fait.

Menacé d'un procès, il s'exécute à rembourser une

grande partie du prix de vente devant la perspective des frais d'un long voyage. C'est seulement dans le cas plus rare où il consent à reprendre l'animal, que le maquignon provoque le cornage. L'éleveur qui a la certitude d'avoir un animal indemne, ne doit pas s'effrayer et ne rien craindre, car le maquignon se gardera d'aller trop loin, sachant parfaitement que la fraude serait reconnue.

Les *bovidés* sont également soumis à des préparatifs analogues à ceux que nous venons d'indiquer. On rape les cornes pour tromper sur l'âge de la bête. Cette opération se pratique sur les sillons qui existent à la base des cornes. Il se forme un sillon chacune des deux premières années ; ces sillons disparaissent à la troisième année et sont remplacés par un plus gros. A partir de ce moment, chaque année en amène un nouveau. Ainsi les cornes d'une vache de 5 ans portent 3 sillons.

Une autre tromperie consiste *à polir les cornes* ; parce que, fines et luisantes, elles indiquent une bonne laitière. Mais la fraude de cette dernière qualité se fait surtout sur les mamelles.

On pratique un écusson artificiel avec des ciseaux en faisant disparaître les épis, petits bouquets de poils couchés dans une direction différente de celle des poils avoisinants et qui d'après Guénon sont des signes de mauvaise laitière.

On donne aux mamelles une teinte couleur chair, préférée à tort ou à raison, à l'aide d'une poudre de savon spéciale. Leur gonflement est provoqué par l'application de sinapismes de farine de moutarde ou toute autre substance susceptible d'attirer le sang à l'organe et de le rendre momentanément plus volumineux. Dans le même but, on se dispense de traire l'animal la veille ou même l'avant-veille du marché.

On reconnaît aisément cette fraude à l'aspect des trayons qui sont tendus, la pointe en dehors, *en pieds de banc* et parfois même laissent écouler le lait.

Une tromperie plus difficile à constater consiste à placer près de la vache, un jeune veau pour faire croire à une mise bas récente qui donne à supposer que la bête est dans son rendement maximum en lait.

D'autres fois, lorsqu'il s'agit d'une vache vieille vêlée, on remplace sa progéniture par un veau très beau et gras, pour faire croire que la mère est excellente nourrice.

Une observation attentive de la façon dont la vache reçoit le veau qui se trouve auprès d'elle, suffit quelquefois à donner un indice de la fraude. Si elle le frappe et l'évite, il y a probabilité qu'elle existe. Mais il est impossible d'avoir sur ce point une certitude absolue, parce qu'il est des vaches d'un tempérament très doux qui se laissent têter sans aucune résistance par des veaux ne leur appartenant pas.

Telles sont, rapidement exquisées, les *fraudes les plus communément pratiquées sur le bétail*. Nous pensons qu'il nous aura suffi de prévenir les cultivateurs de la possibilité de pareilles manœuvres pour qu'ils prennent bien garde de s'y laisser prendre.

De l'utilité des vers de terre dit « Lombrics ».

Les vers de terre ne jouissent pas, dans nos campagnes, d'une excellente réputation. On les considère souvent comme une inutilité de la création, sinon comme des ennemis de nos cultures, bons à écraser sous le talon quand ils se montrent à nos regards méprisants.

Les agronomes, cependant, nous disaient déjà que, loin de nous nuire, ils aèrent nos sols de leurs sillons ; ils ramènent à la surface les principes fertilisants entraînés par les eaux dans les couches inférieures, sous forme d'un humus fin, absorbant l'humidité, aidant à la nitrification, possédant la valeur d'un véritable engrais.

Le lombric, en effet, se nourrit de détritus de substances animales et végétales mortes dont il hâte la décomposition et dont il rend plus facile l'assimilation par les racines de nos plantes.

On n'a guère à lui reprocher que d'être un agent de

transport à la surface des germes microbiens ou sporés qui, provenant d'animaux morts du charbon, enfouis « trop superficiellement », se développeraient sur les herbes des pâturages et pourraient transmettre à nos bestiaux les maladies charbonneuses.

Il est bien facile d'éviter ce danger en brûlant complètement les cadavres des animaux contaminés ou en les enfouissant très profondément, entourés d'une couche de chaux vives.

Comme ces précautions doivent toujours êtres prises, on peut, sans restriction, déclarer les lombrics nos auxiliaires.

Et voici que M. Wolny, professeur à Munich, nous édifie tout à fait sur les services qu'ils nous rendent. Il vient de faire une série d'expériences culturales dans une double série de caisses de végétation, ces deux séries étant placées dans les mêmes conditions et différant seulement par l'apport, dans l'une, d'une notable quantité de lombrics, l'autre en étant totalement dépourvue.

L'Escargot et sa culture.

Si certains agriculteurs détruisent, avec raison d'ailleurs, les escargots qui nuisent à leurs plantations, il en est d'autres qui en font une source de revenus. C'est pour ces derniers que nous écrivons ceci et venons leur parler de la *culture de l'escargot*.

Un suisse, M. Ch. Grandpierre, vient de publier à ce sujet une intéressante brochure, dont voici le résumé :

Tout le monde connaît l'escargot avec sa grosse carapace qui le protège efficacement contre ses ennemis et le met à l'abri de toutes les intempéries. Il est là comme le serait un voyageur sous sa capote de cabriolet par le mauvais temps. Cet animal est muni d'un orifice respiratoire, un cœur, une bouche, un appareil digestif, des yeux au bout de ses cornes, etc. Pour manger il a une bouche munie d'une langue qui coupe les végétaux en l'appuyant sur sa lèvre supérieure.

On n'élève pas l'escargot, mais on le prend où on le trouve pour l'engraisser et le vendre ensuite. On le laisse se multiplier naturellement ; sa ponte a lieu de mai à juillet et produit ainsi 60 à 80 œufs. C'est dans un trou en terre qu'il pond et laisse à dame nature, comme le font du reste beaucoup d'animaux, le soin de l'incubation. Après 26 jours l'œuf éclôt et c'est à ce moment qu'il en périt un grand nombre.

En juillet, peu après le lever du soleil, on va à la chasse de l'escargot, surtout s'il pleut. On le trouve le long des haies, sur les murs et dans les vignes. On ne ramasse que les bêtes adultes, les seules qui puissent se vendre avec profit.

Le parc où doit se faire l'élevage ou plus justement l'engraissement, doit être un terrain humide et exposé au nord. Cet animal aime l'ombre, la fraîcheur et le calcaire du sol, il faut donc suivre ses goûts. Le soleil lui est pernicieux, aussi le fuit-il autant que nous le recherchons.

On peut fermer le parc avec de la sciure de bois ou un fossé rempli d'eau, mais la meilleure clôture consiste en une paroi en bois enduite à sa partie supérieure de suie mélangée avec égale partie de graisse, l'escargot ne peut alors s'échapper. Le parc doit être tenu propre, mais il ne faut pas tourmenter ces bêtes qui sont, paraît-il, assez susceptibles. Si elles s'amoncellent dans un coin, ce qui est fréquent, il faut les séparer avec douceur et surtout éviter de casser leur coquille.

La nourriture de l'escargot est nulle lorsqu'il fait sec ; mais, aussitôt qu'il pleut, il devient vorace et dévore les légumes, les feuilles, même des restes de riz et de farineux. Il faut alors le nourrir abondamment si on veut qu'il s'engraisse, c'est le moment. On arrose même le parc le soir pour l'exciter à prendre de la nourriture.

Dès l'automne la mortalité devient plus grande et en septembre l'escargot est plus agité et mange davantage, il faut donc y pourvoir abondamment en lui donnant des farineux. Comme à cette époque il cherche à se couvrir, il faut faciliter son instinct lorsqu'on le retient captif. A cet effet, on lui fait des petits talus de mousse dans lesquels il se cachera. Pour se cacher il se renverse sur le dos et crache une bave visqueuse, c'est là-dessous qu'il

se terre pour l'hiver, s'endormant comme une mar-
motte.

C'est à ce moment que l'on prend les escargots pour
les vendre gras et bons à être mangés, ils se vendent de
de 10 à 13 francs le mille.

Le Lapin domestique.

On ne se rend pas assez compte que le lapin domestique est un des meilleurs rapports d'une petite exploitation agricole. Il en est pour ainsi dire un complément obligé.

Le lapin vit et prospère partout, à la condition que le lieu où on le place soit sain, tenu proprement et qu'on le nourrisse bien. Que l'on veuille élever des lapins au point de vue industriel ou pour produire des sujets de concours, il faut d'abord construire un *clapier* — qu'on appelle quelquefois improprement *garenne domestique*.

Le clapier. — Le clapier est un espace clos de murs renfermant, exposé au midi ou au levant, un petit hangar abri avec des rateliers fixés au mur ou sur le sol, ou encore suspendus à la toiture. Le sol du clapier doit être sablé et tenu très proprement, les fondations du mur de clôture seront très profondes afin que les lapins qui, quoique domestiques, ont conservé dans la plupart des races, surtout dans les petites, l'instinct de fouir ne puissent creuser des terriers conduisant au dehors. Il faut maintenant disposer du même côté que le hangar des cabanes pour les mères, d'autres pour les mâles, et enfin un certain nombre pour les lapins d'engraissement.

Chaque mère doit avoir une cabane de 60 centimètres à 1 mètre en tous sens, élevée de 20 centimètres au-dessus du sol, à fond de bois plein mais incliné d'avant en arrière, creusé de rainures dirigées dans le même sens pour faciliter l'écoulement de l'urine. Chacune des cabanes doit être garnie d'un petit râtelier pour recevoir les fourrages verts ou secs qu'on empêche ainsi d'être foulés ou perdus, puis d'une augette pour le son et la graine qu'on doit donner particulièrement aux mères nourrices et enfin, d'un vase pouvant contenir de l'eau de boisson qui est indispensable, surtout quand on nourrit les lapins ; aussi souvent on suppose qu'on a de mauvaises nourrices quand celles-ci tuent leurs petits, alors qu'elles agissent de la sorte que pour assouvir une soif dévorante. Enfin le fond doit être garni d'une bonne litière fraîche, suffisamment renouvelée, car les lapins doivent toujours être au sec et jamais sur la planche nue.

On donne la nourriture aux lapins deux fois par jour, le matin et le soir. Dans cette nourriture peuvent entrer toutes les plantes de la famille des légumineuses, telles que la luzerne, le sainfoin, le trèfle, le mélilot, les lentilles, les vesces, les pois, les haricots, etc., puis des liserons, des chicorées, des laitues et en général toutes les plantes provenant du sarclage des jardins et des champs, sauf toutefois les renoncules, les pavots, etc. Parmi les fruits : les pommes, les poires, les glands. Parmi les racines et les tubercules, les pommes de terre, les carottes, les panais, les topinambourgs.

Parmi les graines et leurs déchets, l'orge, l'avoine, le sarrasin et le son. Enfin la plupart des feuilles des arbres peuvent entrer dans la ration des lapins, excepté les feuilles de chêne et de tremble, qui sont trop astringentes, éviter aussi les feuilles de cytises et d'if qui sont des poisons.

On ne doit jamais distribuer les aliments verts quand ils sont mouillés, on les mélange autant que possible de graines ou de racines et il est bon de les saupoudrer de sel une ou deux fois par semaine à raison de 1 à 2 grammes par tête.

Les lapins ont le défaut de beaucoup gâcher leur nourriture et si on n'a pas le soin de mettre les aliments dans de bons râteliers on s'apercevra qu'ils en foulent et abîment beaucoup plus qu'ils n'en consomment, ce qui a fait dire à tort que dix lapins mangeaient autant qu'une vache.

La question de la litière est importante au point de vue de la santé des animaux. Pourrie et humide, elle est la cause de graves maladies. La paille doit donc être bien sèche et souvent renouvelée ; les jeunes, surtout, craignent l'humidité.

Les hannetons.

Ce n'est pas d'aujourd'hui que le hanneton est la bête noire que redoutent les cultivateurs et les jardiniers, il fût un temps où l'église les excommuniait du haut de la chaire.

En 1749, un avocat de Fribourg les faisait condamner par le tribunal de Lausanne et obtenait un jugement qui les chassait du territoire *comme des malfaiteurs*. Il est probable que la sentence des magistrats n'était pas exécutoire, car les condamnés n'ont pas plus quitté la Suisse qu'ils n'ont déserté notre France.

D'abord larve hideuse, il est dans les guérets et les labours le petit ver blanc qui chemine sous terre. Les arbustes qui s'étiolent, les plantes potagères qui se flétrissent sont la proie de ce parasite odieux.

Pendant l'hiver, ces larves restent groupées, attendant pour se développer et agir seules la saison meilleure.

C'est au printemps que le futur hanneton s'éparpille et voyage, il va de racine, en racine tarissant de ses piqûres le suc des plantes et se gorgant de sève volée. Trois ans après, la larve engraissée dans sa villégiature souterraine subit une métamorphose. Elle devient nymphe pour quelques semaines et s'emprisonne dans une coque ovale d'où s'échappera ensuite le hanneton.

Le hannéton.

Et c'est alors que l'œuvre de destruction commence sérieusement. Les arbres sont envahis par le terrible et sournois ennemi. La cigale tambourine au bout des branches grisée de lumière et de chaleur ; le hanneton se tapit dans les replis des troncs, sous les feuilles, ébloui, paralysé par l'éclat du jour. On dirait qu'un engourdissement le fixe, de l'aube au crépuscule, à la même place, et qu'il attend l'ombre comme un vulgaire maraudeur. Aussitôt le soleil couché le hanneton se réveille ; il essaye maladroitement ses ailes, et c'est alors qu'on le voit titubant dans l'air comme un ivrogne sur son chemin. Mais quand la nuit est venue, c'est pour lui grande fête, il se vautre dans la verdure, fait ripaille de bourgeons et de feuillage tendre. C'est une dévastation silencieuse qui ne finit qu'au matin. Le paysan sait tout cela et en souffre. Il connaît les moyens de se débarrasser de l'insecte vorace : on lui a appris qu'à l'aide de grands bâtons armés d'un crochet en fer il est facile de secouer les branches où les hannetons s'attachent, qu'avec des bâches en toile d'emballage on les recueille pour les enfouir ensuite dans des fossés pleins de chaux vive et arrosés de purin, il n'ignore pas que ce système d'extermination produit un engrais merveilleux enrichi d'azote. Seulement le temps lui manque pour se livrer au hannetonnage, et la terre rapporte trop peu pour qu'il soit possible de payer une chasse aux coléoptères rongeurs.

Les oiseaux et l'agriculture.

On se plaint généralement que, malgré des soins intelligents et bien compris, les arbres fruitiers ne donnent pas une production aussi abondante ni aussi régulière qu'autrefois et que les cultures les mieux pratiquées ne se traduisent que par des pertes.

A cela les savants indiquent diverses causes : les variations atmosphériques, les mauvais vents, les gelés tardives, les pernicieux effets de la lune rousse et des airs brûlants, mais on ne doit pas oublier d'ajouter à ces multiples causes de nos désastres agricoles la rareté de plus en plus considérable des oiseaux insectivores qui tendent à disparaître de jour en jour par suite des déboisements et de la guerre acharnée qui leur est faite. Cela réduit le nombre de ces auxiliaires les plus dévoués et les moins coûteux qui, pendant toute leur vie, nous rendent les services les plus signalés et qui ne demandent pour subsister dans la dure saison que quelques graines sans valeur qu'il faudrait être bien ennemi de nous-mêmes pour leur refuser ; ils sont *les protecteurs de l'agriculture* et détruisent les insectes qui ne vivent qu'aux dépends de nos grains et de nos végétaux et de nos arbres les plus précieux.

Hirondelle.

Combien de genres d'oiseaux auxquels on ne peut rien reprocher, qui ne peuvent même manger de grains et que l'on poursuit de la manière la plus cruelle et la plus ingrate ? La légère hirondelle et le martinet toujours en mouvement qui engloutissent chaque jour des milliers d'insectes et de moucherons sans attaquer aucune de nos récoltes ne trouvent pas même grâce ; les fauvettes et les rossignols que leur chant si admirable devrait suffire à

Les dénicheurs de nids ne craignent ni les dangers... (page 155).

protéger, meurent en grand nombre dans la captivité où
on les réduit faute d'y trouver les insectes dont ils
font leur unique nourriture, les loriots, les roitelets, les
rouges-gorges et les mésanges, ces petits hôtes familliers
de nos jardins et de nos vergers où ils rendent tant de
services, les engoulevents et les gobe-mouches qui dévorent de prodigieuses quantités de moucherons, de
chenilles et de papillons, les bergeronnettes qui suivent
si admirablement les chanvres pour saisir les insectes
terrestres et leurs larves ; les étourneaux qui rendent les
mêmes services et détruisent les larves des hannetons et
les sauterelles, les hupes, les grimpereaux, les verdiers et
les pinsons qui échenillent nos arbres avec le plus grand
soins ; les pouillots, les traquets, tous destructeurs de
moucherons, de vers et d'insectes malfaisants ; les hiboux
et les chouettes qui se dédommagent pendant la nuit de
leur engourdissement du jour et qui font une si grande
destruction de limaces, de gros insectes, de mulots et de
souris, et tant d'espèces d'oiseaux bienfaisants ne de-
vraient-ils pas trouver près de nous toute reconnaissance
et une protection efficace ? Malheureusement, c'est pré-
cisément le contraire qui a lieu à notre grand dommage,
et tous les petits oiseaux que leur faiblesse et leur douceur rapprochent le plus de nous, sont en butte à une véritable guerre d'extermination ; on les détruit avec leurs

nids et leurs couvées pour le seul plaisir de les détruire et ensuite de les crucifier ou de les jeter aux chats qui eux-mêmes en dévorent des milliers et leur font aussi la plus funeste guerre.

Les temps froids et neigeux pendant lesquels les pauvres oiseaux devraient être principalement protégés, sont ceux où ils sont massacrés en plus grand nombre : les lacets, les trapes, les pièges et les fusils les attendent près des habitations ou le froid les contraint à se réfugier, on feint de leur jeter quelque nourriture, mais c'est afin de les exterminer en masse; triste destruction que nous payons ensuite, bien chèrement. M. Bonjean disait un jour avec la plus grande raison : « Le génie de l'homme peut mener le cours des astres, percer les montagnes, faire marcher les trains et les vaisseaux contre la tempête ; il tue les monstres des forêts ou les soumet à ses lois, mais devant les miriades d'insectes qui s'abattent sur les champs qu'il cultive avec tant de labeurs sa force n'est que faiblesse, son œil n'est pas même assez perçant pour remarquer la plupart d'entre-eux, sa main est trop lente pour les frapper, et d'ailleurs quand il les écraserait par million ils renaissent par miriades. De haut, d'en bas, à droite, à gauche, leurs innombrables légions se succèdent sans cesse dans cette indestructible armée qui veut ruiner les œuvres de l'homme, chaque genre d'insectes a son jour, son mois, sa saison, son arbre, sa plante choisie, chacun connaît son poste de combat et ne se trompe jamais ; le monde pourrait périr sous l'action destructive de ces nombreuses légions malfaisantes acharnées contre la nature, si Dieu n'avait donné de précieux défenseurs dans les oiseaux de nos campagnes, protégeons donc ces utiles volatiles afin qu'aussi ils protègent et conservent nos récoltent. »

Les enfants sont malheureusement les plus grands ennemis des oiseaux ; les dénicheurs de nids ne craignent ni les dangers, ni les blessures, ni les menaces, ni les réprimandes, c'est par de bons conseils et de solides réflexions qu'il faut faire pénétrer dans leurs jeunes cœurs la reconnaissance et la pitié envers les petits êtres qui en sont si dignes : faisons-leur bien comprendre la nécessité de conserver et de protéger les petits oiseaux qui sont l'ornement de nos jardins et de nos bosquets, faisons tout le possible pour qu'ils respectent les nids et les couvées, les enfants ne sont pas sans pitié ; ils sont compatissants et naturellement bons, ils aiment à rendre service, il ne serait pas impossible de leur faire respecter et protéger ce qui est aimable et utile, et fiers de l'importance qu'on attache à leurs actes, ils acquéreraient promptement le désir de se rendre eux-mêmes utiles à la société. Mais pour cela il ne faut pas de défaillance de la

part des parents et des maîtres, il faut partout donner de
bons conseils et prêcher d'exemple ; qu'on ne voit donc
plus de pièges, plus de filets ni de fusils dirigés contre
les oiseaux, plus de cages ni d'élevages en captivité si ce
n'est pour les espèces qui y sont habituées, qu'on supplée
pendant les jours rigoureux à la nourriture que les
pauvres oisillons ne peuvent se procurer et qu'on les
protègent de toute manière.

Par là nous acquerrons des droits à la reconnaissance
de nos ingénieux auxiliaires qui, devenus moins craintifs,
et plus nombreux nous débarrasseront de tous les insectes
qui nous causent tant de dégats.

Pour les moineaux.

Il est constant, dans tous les pays où l'on fait la chasse
aux oiseaux et où les lacets perfides, les traîtres appeaux,
les pièges aux subtiles embûches ont amené peu à peu
leur disparition, que le nombre des insectes nuisibles a
augmenté dans d'effroyables proportions. Le dommage
causé par ceux-ci est infiniment supérieur aux dégâts
qu'occasionnaient les frêles volatiles protecteurs, en fin de
compte, des récoltes et des moissons. Tous les écrivains
qui s'occupent d'agriculture déplorent l'imprévoyance
de cette destruction autorisée par les arrêtés des préfets
qui désignent les oiseaux voués aux massacres. Beaucoup
d'espèces utiles sont ainsi dévolues au plomb meurtrier

ou aux pièges exterminateurs cependant que croissent les chenilles que les vers multiplient et que les insectes de toute nature deviennent les maîtres du sol. Certains arbres n'ont plus une seule feuille et d'autres voient leurs racines même attaquées tandis que les jeunes pousses disparaissent, que les bourgeons sont rongés par des myriades d'assaillants.

Le moment semble donc singulièrement choisi pour jeter l'anathème au moineau qui accomplit, comme les autres oisillons, sa besogne de nettoyage et d'épuration. Il est possible qu'il fasse payer ses services un peu plus cher que quelques-uns de ses camarades mais il y a encore profit à le laisser vivre. Il ne sera pas difficile de mettre en lumière, avec chiffres à l'appui, les services que le petit destructeur de vers et d'insectes rend aux agriculteurs et il se pourrait que la mesure prise contre le moineau profitât en définitive à ses frères emplumés. Lorsqu'on aura démontré combien il est imprudent de se priver de l'oiseau qui fait la police des champs, qui fait disparaître les parasites de l'arbre et de la plante, lorsqu'on aura établi, à l'aide de l'irréfutable statistique, la situation désastreuse des contrées où les petits chanteurs des haies et des buissons ont vu leur nombre diminuer, ont été immolés par le chasseur et le braconnier, on ne songe pas seulement à protéger le moineau franc de la

Seine mais tous leurs congénères de France et de Navarre, toute la gent sautillante et voleteuse du couchant au levant, du sud au septentrion.

On évaluait il y a une quarantaine d'années à 80 millions le nombre des oiseaux détruits annuellement en France et ce chiffre a augmenté depuis. En dépit de leur fécondité, ces hécatombes font dans leurs rangs des coupes sombres et il est des pays où leur nombre a déplorablement diminué. Par contre, celui des insectes dévastateurs qui dévorent les semences et les germes qui rongent les pousses et les fruits, augmente dans une proportion significative et la presse a plus d'une fois à cette occasion poussé le cri d'alarme.

Pour les petits oiseaux.

Certes, nous ne nous posons pas en adversaires des délicatesses de la table et nous sommes les premiers à applaudir aux progrès culinaires dont l'art de la cuisine ne cesse de nous favoriser tous les jours ; mais quel est celui qui osera nous en vouloir de plaider un peu la cause de ces bons petits oiseaux, assassinés sans pitié par nos enragés Nemrods et livrés aux gloutonneries du public vorace ?

Le sort de ces pauvres bestioles est pourtant non-seulement digne de compassion, mais d'un intérêt social, car au fond c'est plus nous-mêmes que nous frappons sans y songer en les détruisant.

Ne sait-on pas que les oiseaux, tous ou presque tous, contribuent à la prospérité de notre agriculture, à la conservation de nos forêts, à notre propre sauvegarde ? Car sans eux tout serait promptement dévoré par des milliards d'insectes et par des bêtes nuisibles dont ils sont les ennemis naturels.

Martinets.

L'hirondelle, le rossignol, les fauvettes, la mésange, le rouge-gorge et le roitelet, pour n'en citer que quelques-

11

uns, détruisent chaque jour un nombre incalculable de vers, de moucherons et de larves dont la multiplication rapide et abondante aurait bientôt, sans cela, les conséquences les plus désastreuses pour l'humanité. Il est vrai que tous les oiseaux qui entrent dans la catégorie des insectivores sont plus ou moins protégés par des arrêtés.

Quoi qu'il en soit, et en supposant même qu'on puisse arriver à protéger complètement les oiseaux dits « insectivores », combien d'autres non moins utiles n'échapperaient-ils pas encore à la destruction envahissante et au massacre de plus en plus considérable chaque année et qui menace de les faire disparaître presque complètement. Je veux parler d'une multitude d'autres petits musiciens ailés, joyeux et innocents bohèmes des feuilles, qui, non content, de nous réjouir le cœur par leurs mélodieuses symphonies, nous rendent de plus un nombre incalculable de services précieux et de bons offices.

La grive, par exemple, que l'on accuse avec quelque raison peut-être de diminuer les récoltes des raisins mais qui ne fait, en se désaltérant du sang doré des grappes mûres, que de prélever un petit salaire bien légitimement acquis; c'est elle en effet qui débarrasse la vigne de la rapacité des limaces et des escargots.

L'alouette, également, qui consomme des milliers de chenilles et de sauterelles de l'aube au soleil couchant ;

elle n'égaye pas seulement le laboureur des perles so-
nores de sa chanson aérienne, elle veille aussi sur la
récolte et la délivre du charançon.

L'ortolan, qui s'attaque au terrible ver blanc, la bégui-
nette, qui fait la guerre aux fourmis, le loriot, qui se livre
à une consommation effré-
née de sauterelles et de sca-
rabées, et tant d'autres !

Il n'est pas jusqu'au hibou,
jusqu'à la chouette qui n'aient
droit à la reconnaissance des
populations rurales! Ceux-ci,
en effet, sont les ennemis
acharnés des mulots et du rat
des champs, qui font leurs
trous dans la terre, dévorent

Le hibou.

les racines et sont sans pitié pour les jardins, ce qui
n'empêche pas le cultivateur, le jardinier même de
clouer comme un trophée la chouette au-dessus de la
porte de sa grange ou de ses remises. Etrange reconnaissance envers un collaborateur si précieux ! Le campagnard, en général, chasseur ou non, est d'ailleurs ins-
tinctivement et comme par tradition l'ennemi des
oiseaux. Il ne voit que certains dommages qu'ils lui
causent, le grain de raisin ou de blé qu'ils lui volent et il

ne se dit pas que ce qu'il croit être un vol n'est que la rémunération très faible d'un service rendu ; l'oiseau rend souvent au centuple la redevance qu'il se paye pour prix de son bienfait. Entre le campagnard et l'oiseau un *malentendu* existe, vieux comme le monde, *malentendu créé par l'ignorance*, enraciné par l'habitude et que l'instruction doit dissiper.

Le premier article du programme de l'enseignement primaire dans les écoles rurales, le premier soin des instituteurs devrait être d'enseigner aux enfants, aux futurs campagnards à respecter l'oiseau, collaborateur et ami de l'ouvrier des champs, à ne pas détruire en le détruisant l'harmonie de la nature, l'équilibre providentiel qui empêche l'une d'elles de tout absorber à son profit.

L'oiseau — nous venons de le dire — disparaissant de la terre (et dans certaines régions il tend à disparaître) c'est la terre livrée à son ennemi le plus mystérieux et le plus fatal : l'insecte. Mais n'eussions-nous pas ces raisons pratiques et capitales de respecter l'oiseau que mille raisons d'un ordre secondaire suffiraient à nous en imposer la conservation ; n'est-ce pas lui qui constitue l'enchantement féérique de la nature et qui emplit tout l'intervalle de l'aube au crépuscule de ces admirables musiques qu'on dirait l'âme harmonieuse des forêts et des champs ?

Virtuose infatigable, c'est lui qui jette la note la plus douce dans la gamme de la joie universelle.

Vous imaginez-vous ce que serait la terre sans oiseau? Cela a été dit déjà, comme bien d'autres choses, mais il est bon et équitable de le répéter quelquefois.

LES PLANTES ET LES FRUITS.

Quels sont les meilleurs fruits à cultiver.

O n est souvent embarrassé de faire un choix parmi les nombreuses variétés des fruits à cultiver. C'est pour écarter cette difficulté que nous offrons la liste qui suit avec indication de l'époque où les variétés indiquées les meilleures portent fruit sous le climat de France.

Pêchers.

Amsden précoce.

Béatrice et Riven.

Précoce de Hole (*fin juin, mi-août.*)

Grosse mignonne. Madeleine rouge. Jalande. Belle Beaune. (15 *août, 15 septembre*).

Baltel, Reine des vergers. Bourdin. Pavie. Gros Persèque. (15 *Septembre*, 15 *octobre*).

Pêches.

Abricotiers.

Piewa. (*Fin juin, juillet*). Gros Saint-Jean. (1, 15 *juillet*). Pêche. (*Août, septembre*).

Cerisiers.

Anglaise hâtive. (*Commencement de juin*).
Montmorency (*juillet*). Impératrice. Belle de Chate-

nay. (*Juin, août*). Griotte de Portugal. (1, 15 *juillet*).
Bigarreaux gros blanc et Napoléon. (*Juin, juillet*).
Guignes pourpre, hâtive. (*Mai*).

Cerisier.

Poiriers.

D'été (*juillet, août*) : Rousselet. Doyenné de Mérode.
Villiam. Beurré d'Amanlis. Mousalard.

D'automne (*septembre, octobre*) : Louise-bonne
d'Avranches. Duchesse d'Angoulême. Beurré Hardy.
Doyenné du Commerce. Triomphe de Jodoigne. Soldat

laboureur. Beurré d'Apremont et d'Angleterre. Brassane.

Poires d'hiver (à cueillir en octobre et mûrissant au fruitier) : De novembre, à mars et avril : Olivier de Serres. Doyenné d'Alençon. Beurré Claigeau. B. d'Hardenpont. Chaumontel. Beurré Bergamote. Espèces : Doyenné d'hiver. Passe-colmar. Passe-brassane. Bon Chrétien d'hiver.

Poiriers.

Pommiers.

D'été : Astrakan rouge. Transparente de broncels. Rambour d'été. Rose de Bohême, Borwitsky. (*Juillet, août*).

D'AUTOMNE : Reinette grise, d'automne. Reines des Reinettes. Grand Alexandre. Calville de Saint-Sauveur. Ananas. Belle fleur rouge. (*Septembre, octobre*).

D'HIVER : Reinette du Canada. Reinette grise de Caux.

TARDIVE : Calville blanc, Girose. Reinette de Puzy. (*Décembre, mars, avril*).

Pruniers.

Petite Mirabelle. Reine Claude de Monsieur. (*Août, septembre*).

Vigne.

Chasselas doré, rose, violet. Frankental, Muscat blanc. Madeleine royale. Morillon hâtif. (*Août, septembre*).

Fraisiers.

Quatre saisons (*juin et août, septembre*), rouge et blanche. Hericart de Thury, appelée au commencement La Ricard. Ananas. Docteur Morère. Joseph Paton. Docteur Hogg.

Framboisiers.

Ordinaire de Hollande rouge et jaune. Merveille des quatre saisons.

Framboisier.

Groseilliers.

Blanche hâtive de Versailles. Hollande. Fertile Versaillaise.

De la cueillette et de la conservation des fruits.

On dit avec raison que toute plante qui porte une fleur, destinée à donner un fruit ou une graine *est une mère qui s'épuise pour son enfant.*

En réalité, ce sont toutes les réserves qui passent d'abord dans la fleur, puis, ensuite, dans le fruit, voilà pourquoi dans les plantes il y a toujours un ralentissement de végétation et même quelquefois, un état de souffrance au moment de la floraison, de la nouaison et ceci est vrai non pas seulement pour les arbres fruitiers, mais aussi pour la vigne, pour les céréales et les légumineux.

En ce qui concerne les arbres fruitiers, quand le fruit est noué, on peut se dire que *l'enfant est né.* La sève se porte alors vers lui avec amour et il se passe un travail analogue à celui de la maternité dans le règne animal.

Le fruit grossit promptement. A l'aide des stomates dont sa peau est couverte il respire comme les feuilles.

Comme elles, il assimile, c'est-à-dire, il absorbe les radiations lumineuses et caloriques du soleil; l'acide carbonique est décomposé et le carbone fixé. Les réactions qui se produisent sur les feuilles ont lieu de la même manière sur les fruits, le carbone se combine avec l'hydrogène et il se forme des *hydrates de carbone* c'est-à-dire de la fécule, de l'amidon, du sucre, des gommes du glucose, de la dextrine, du tanin, des acides, etc.

Ce sont toutes ces choses qui, combinées avec les engrais potassiques composent la chair, le jus, en un mot, la matière des fruits. Mais la grande différence qu'il y a entre les feuilles et les fruits, c'est que les feuilles rendent la *sève élaborée* à l'ensemble du végétal et des fruits en gardant tout pour leur nourriture. Voilà pourquoi, rien n'épuise nos arbres comme une année d'abondance. En raison de ce phénomène, les fruits atteignent promptement leur développement, mais, quand ce travail est terminé, quand la *maturation* commence, il ne vivent plus de la même manière : au lieu d'exhaler l'oxygène, ils l'absorbent ; au lieu d'absorber l'acide carbonique, ils le dégagent, et la maturité n'est complète que quand l'acide carbonique a disparu et à été remplacé par l'oxigène.

La *maturation* est donc *un travail d'oxydation* et on peut dire que ce travail d'oxydation est d'autant plus actif que les radiations solaires sont plus chaudes et plus lumineuses.

Ces notions physiologiques nous donnent la première clef pour la conservation des fruits, au fruitier, aussi longtemps que le comporte leur nature.

Mais, ce n'est pas tout, les radiations solaires ne sont pas seulement des agents de maturation, mais aussi des conditions essentielles de qualité pour les fruits.

En même temps que le soleil active la végétation, il est la cause première de toutes les réactions qui aboutissent à la formation des sucs nourriciers ; sans lui, *la diastase* qui transforme les hydrates de carbone en matières sucrées, en glucose, ne travaille pas.

Si donc, l'année a été chaude et ensoleillée, les fruits, ne contenant que très peu d'acides, se conserveront forcément beaucoup moins longtemps. En pareil cas, il n'est pas rare de voir des fruits mûrs dès février, qui, ordinairement, vont jusqu'en mars.

Autre point important : c'est le tanin qui donne à la chair des fruits la fermeté et empêche *le blettissement,* en faisant obstacle à la fermentation alcoolique intérieure. Et si les fruits d'été et ceux du commencement de l'automne ont beaucoup plus de tendance à blettir que ceux d'hiver, cela vient de ce qu'ils arrivent à maturité quand la température est encore élevée. Il en résulte une combustion hâtive des acides et du tanin, qui laisse les fruits désarmés contre la fermentation alcoolique.

D'un autre côté, la puissance de l'action solaire développe trop vite le parfum des fruits. Voilà pourquoi *ceux qui mûrissent sur l'arbre*, non seulement blettissent plus tôt, mais *ont beaucoup moins de qualité* que ceux cueillis quelques jours à l'avance et qui achèvent lentement leur maturation au fruitier.

Nous appelons maintenant l'attention sur ceci : C'est que tout fruit qui a une déclinence, si petite soit-elle, une contusion quelconque, même une toute mignonne tache, n'arrive pas à la phase de sa maturité, car les moisissures y entreront et feront leur œuvre de pourriture.

Il est donc d'une très grande importance de ne rentrer dans le fruitier que des fruits qui soient parfaitement sains et, en même temps, d'avoir grand soin de choisir pour cueillir les fruits, une belle journée, toute ensoleillée.

Comment doit-on procéder à la cueillette des fruits ? Tout d'abord cette cueillette doit se faire avant la maturité complète du fruit, il se conserve mieux. Un fruit, n'importe lequel, doit être cueilli lorsqu'un changemen

Cueillette des pommes.

notable de couleur se manifeste sur la peau, la teinte est alors plus ou moins jaunâtre.

Un beau temps est nécessaire pour la cueillette, et cette opération délicate ne doit point être faite le matin à cause de la rosée, mais dans l'après-midi. On doit éviter avec soin les chocs entre fruits placés l'un près de l'autre et ne point les mettre tout de suite au fruitier.

Le fruitier portatif.

A la campagne, un *fruitier portatif* peut être d'une
très grande nécessité. Nous pensons être utile en vous indi-
quant ici un moyen pratique d'en faire un. On construit,
en planches de sapin ou de peuplier d'un centimètre environ
d'épaisseur, des caisses de 8 à 10 centimètres de hauteur et de 70 centimètres de longueur sur 40 de largeur :
toutes ces caisses doivent être de dimensions bien égales,
de manière à s'ajuster exactement les unes sur les autres ;
elles n'ont pas de couvercles ; au milieu de chacun des
quatre côtés de la caisse, on fixe, par des clous, près
des bords supérieurs, des morceaux de bois ou tasseaux,
de 5 à 6 centimètres de longueur sur 3 centimètres de
largeur et 1 centimètre d'épaisseur. Ces morceaux sont
appliqués, par une de leurs faces, larges, sur les faces
extérieures de la caisse, et en sorte qu'un de leurs bords
sur toute la longueur du tasseau, dépasse en hauteur de

3 ou 4 lignes le bord supérieur de la caisse. Ces tasseaux
ont deux destinations : d'abord, ils aident au maniement
des caisses, en servant de poignées ; ensuite, ils servent
d'arrêt pour tenir exactement les caisses dans leur position, lorsqu'on les empile les unes sur les autres ; à
cet effet, les tasseaux doivent être un peu amincis en
dedans, dans la partie qui dépasse la hauteur de la caisse,
de manière que la caisse supérieure puisse recouvrir bien
exactement celle qui est en dessous, sans être serrée
par le bord des tasseaux. On conçoit facilement, d'après
cette description, que chaque caisse étant remplie d'un
lit de poires, de pommes, de raisins, etc., elles s'em-
pilent les unes sur les autres, chacune servant de couvercle à la précédente, et la caisse supérieure est seule
fermée, soit par une caisse vide ou par une plate-forme
mobile en planches. On peut empiler ainsi quinze caisses,
et chaque pile présente l'apparence d'un coffre entière-
rement inaccessible aux animaux rongeurs et que l'on
peut loger dans un local destiné à tout autre usage. Chaque
caisse peut contenir, d'après les dimensions indiquées
plus haut, 100 poires de Beurré ou de Bon Chrétien
d'une belle grosseur, en sorte qu'une pile de 15 caisses
qui n'occupe que quelques pieds de hauteur, contiendra
un approvisionnement de plus de deux mille poires ou
pommes diverses.

Les fruits se *conservent parfaitement* dans ces caisses, et cette bonne conservation est due à la stagnation complète de l'air dans cet appareil. On sent, toutefois, qu'il est encore plus indispensable ici que dans tout autre disposition, de ne. serrer les fruits dans les caisses que lorsqu'ils sont entièrement exempts d'humidité, puisqu'il ne peut plus s'y opérer d'évaporation.

Un grand avantage du fruitier portatif consiste aussi dans la grande facilité avec laquelle se fait le service pour soigner et [en même temps trier les fruits en enlevant avec soin ceux qui viendraient à se gâter ou dont on a besoin pour la consommation journalière.

L'accroissement des fruits.

Le moyen n'est pas très difficile. On commence par choisir sur l'arbre une poire ou une pomme de belle apparence qui ne soit ni tachée ni véreuse et placée en bonne exposition. Ce fruit avec l'extrémité de sa branche, est introduit autant que faire se peut, dans un bocal de verre blanc à large goulot et au fond duquel on a, au préalable, mis un peu d'eau de façon, que le fruit soit suspendu au-dessus de celle-ci sans y plonger, ou même y toucher. Puis, on ferme le bocal de son mieux pour empêcher toute évaporation, et on a la précaution d'ajouter de l'eau au fur et à mesure de sa disparition. Au bout de quinze jours de ce traitement, le fruit a doublé de volume. Ce procédé est à recommander surtout aux horticulteurs qui vendent aux marchands de primeurs dont la clientèle veut des fruits extraordinaires et chers. On se gardera bien de traiter de la sorte

le fruit que l'on veut consommer soi-même, ce qu'ils
gagnent en quantité ils le perdent en qualité.

Voilà un autre moyen (1) :

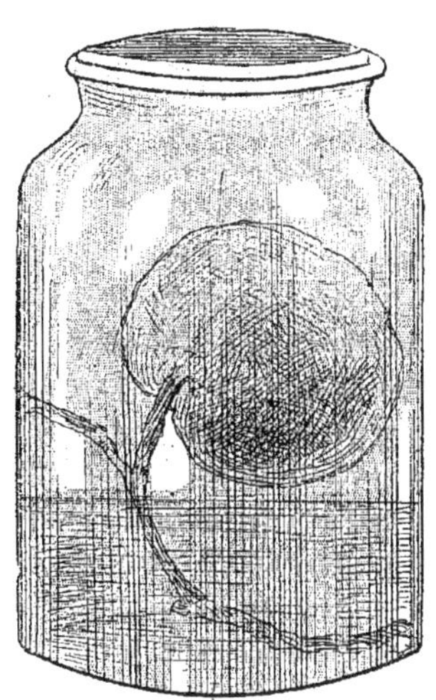

En juillet, lorsque le fruit est à la moitié ou à deux
tiers de son volume, on pratique, au moyen d'un grattoir,
bien effilé, une incision sur toute la longueur du rameau
qui porte le fruit et on la prolonge jusqu'à 2 ou 3 centimètres au-dessous de l'empâtement. On fait cette incision en dessous, à l'abri du soleil, puis on pratique deux

(1) Indiqué par le *Journal des campagnes*.

incisions en forme de V sur la branche mère des deux côtés de l'empâtement. Ces trois incisions provoquent une dérivation de la sève du fruit qui accroît promptement le volume de celui-ci.

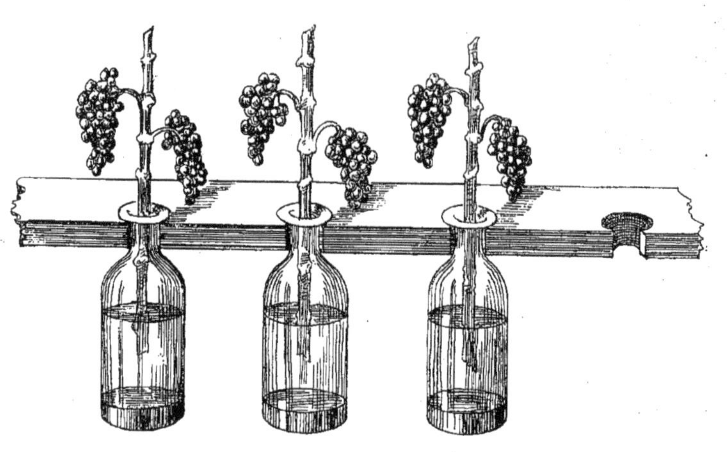

Pour faire grossir les asperges, voici deux procédés employés en Autriche, le premier consiste dès que le turion commence à sortir de terre à le recouvrir d'une sorte d'étui en bois fixé en terre, au moyen de pattes. Le tube est percé de trous à son tiers supérieur pour que l'air y puisse pénétrer, l'asperge devient plus grosse, plus tendre, plus savoureuse et cela sur toute sa longueur. Le deuxième consiste à introduire l'asperge déjà sortie de terre dans le goulot d'une bouteille, le fond en l'air. L'asperge monte jusqu'au sommet, se replie et finit par remplir la cavité, on la coupe au pied et on casse la bouteille. Une asperge ainsi traitée est très tendre et délicate.

Pour faire grossir et mûrir plus vite les tomates, on les met dans des sacs à raisin, la maturation est avancée de dix jours.

A propos d'arbres fruitiers.

On sait que la questions des distances à laisser entre les arbres fruitiers en plein vent, a une grande importance.

Voici un tableau de ces distances qui a été dressé par un pépiniériste de talent.

Châtaignier.	12 mètres
Noyer	10 »
Abricotier	8 »
Cerisier	6 »
Amandier	6 »
Cognassier	8 »
Poirier	8 »
Pêcher	4 »
Prunier	5 »
Noisetier.	3 »
Groseillier	1 »
Framboisier	1 »

Durée de la vitalité des graines.

Nous donnons ci-dessous un curieux tableau, qu'on sera sans doute bien aise de connaître et dans lequel nous indiquons le temps durant lequel les graines peuvent conserver leur pouvoir de germer, en temps moyen et en temps extrême.

Noms de plantes	Temps moyen	Temps extrême
Angélique	2 ans	3 ans
Anis	3 »	5 »
Anoche	6 »	7 »
Aubergine	6 »	10 »
Betterave	6 »	10 »
Cardon	7 »	9 »
Chou	5 »	10 »
Choumarin	1 »	7 »
Carotte	5 »	10 »
Céléri	8 »	10 »
Chervis	3 »	6 »
Chicorée	8 »	10 »
Concombre commun	10 »	10 »
Coriandre	6 »	8 »
Crenoualenvis	5 »	9 »
» d'eau	5 »	9 »
Fraise	3 »	6 »
Endive	10 »	10 »
Epinards	5 »	7 »
Haricot	3 »	8 »
Houblon	2 »	4 »
Laitue	5 »	9 »
Maïs	2 »	4 »
Melon	5 »	10 »
Moutarde	4 »	9 »
Navet	5 »	10 »
Oignons	2 »	7 »
Panais	2 »	4 »
Persil	3 »	9 »
Poireau	3 »	9 »
Pois	3 »	6 »
Potiron	4 »	9 »
Pourpied	7 »	10 »
Radis	5 »	10 »
Rhubarbe	3 »	8 »
Rue	2 »	5 »
Salsifis	3 »	8 »
Scorsonère	2 »	7 »
Thym	3 »	7 »
Tomate	4 »	9 »

PROTECTION CONTRE LES GELÉES DE PRINTEMPS

Différentes manières s'offrent aux horticulteurs pour protéger les jeunes plantations contre l'action désastreuse des gelées tardives, des gelées de la lune rousse et, plus généralement du mois d'avril et surtout de mai. C'est un remède qui consiste à créer des nuages artificiels, à brûler de grands amas d'herbe donnant beaucoup de fumée. Si l'air est calme celle-ci peut donner de bon résultats, et chacun sait qu'elle agit à la façon de nuages naturels en formant un écran que diminue notablement le rayonnement, cause des gelées en question.

Un autre procédé moins connu, donnant d'aussi bons résultats et qui consiste à arroser fortement les plantations menacées de la gelée. L'eau conserve sa chaleur beaucoup mieux que la terre, d'où le rôle de régulateur de température que jouent les masses d'eau. Il est donc indiqué, quand au printemps il y a des menaces de gelée, de procéder à un arrosage très complet des plantes qu'on veut protéger.

Des engrais.

L'emploi des fumures vertes pour fertiliser le sol désigné par Georges Filte sous le nom de sidération n'est pas aussi nouveau qu'on serait tenté de le croire. Il y a longtemps qu'il est pratiqué et dans certaines conditions de sol et de climat c'est le système le plus économique de fertilisation. Les engrais verts sont constitués par certaines plantes que l'on enfouit dans le sol ; elles apportent à ce dernier, outre les éléments minéraux qu'elles renferment, une grande quantité de matières organiques. On ne conçoit pas, au premier abord, comment les végétaux peuvent augmenter la fertilité de la terre puisqu'en somme, ils ne lui rendent que ce qu'ils lui ont pris.

Il faut considérer ici que pour obtenir ce résultat l'on choisit pour fumures vertes, des plantes à racines profondes, qui ramènent à la partie supérieure du sol, les principes fertilisants des couches inférieures.

Outre cela ces plantes sont prises parmi celles, à croissance rapide et présentant un grand développement foliacé et pouvant puiser dans l'air une plus forte proportion d'aliments azotés. Certaines plantes sont productrices d'azote, le rôle est dévolu aux légumineuses. Tout agriculteur sait parfaitement que les résidus de cette catégorie de végétaux constituent pour le sol un véritable engrais ; d'où le nom de plantes améliorantes qui leur a été donné.

Les fumures vertes fournissant au sol plus particulièrement l'humus et l'azote remplacent avantageusement et économiquement le fumier de ferme dans certaine situation où l'exploitation du bétail est dispendieux et ne permet d'obtenir qu'une quantité de fumier insuffisante à l'amélioration des terres. Ces sortes de fumures sont aussi tout indiquées dans les terrains d'accès difficiles ou les champs éloignés de la ferme pour lesquels le transport du fumier deviendrait onéreux. Un avantage précieux des engrais verts est de permettre par leur décomposition lente de maintenir la fraîcheur du sol ; en outre les principes nutritifs qu'elles contiennent, énergiquement retenus par la matière humide qu'elles donnent, ne risquent pas d'être entraînés par les eaux pluviales. La récolte qui suit leur enfouissement s'assimile intégrale-

ment ces principes ainsi condensés et les utilise au fur et
à mesure de ses besoins.

Sarrazin.

Parmi les divers végétaux utilisés comme engrais
vert, les uns sont destinés à être enfouis en été et servent
plus particulièrement de fumure aux semailles d'automne, tels sont les lupins, le sarrazin, qui se sèment en
mai et juin et s'enterrent en août et septembre ; la mou-

13

tarde blanche, la spergule, la navette, le trèfle incarnat qui se sèment en juillet, pour être enfouis en octobre.

Les autres sont enfouis au printemps, en avril, mai, et peuvent servir de fumure aux plantes sarclées qui se sèment à la même époque.

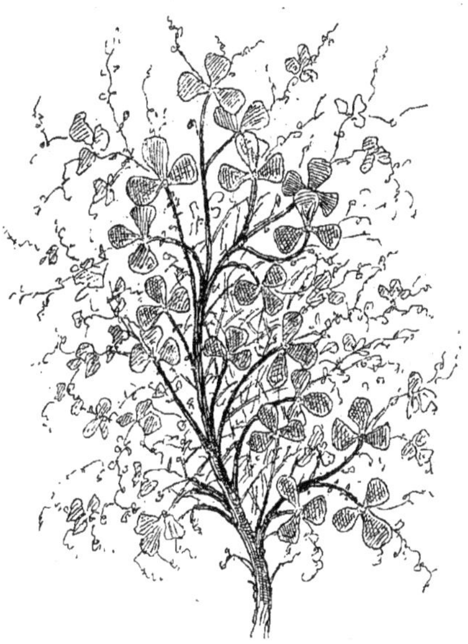

Trèfle.

Tels sont le lupin blanc, la fève d'hiver, le colza d'hiver, la navette d'hiver, le trèfle incarnat, le seigle dont l'ensemencement se fait de septembre à octobre. Ces diverses plantes ne conviennent pas indifféremment à tous sols et à tous les climats. Il faut toujours préférer celle à développement rapide, qui offre une réussite certaine. Aussi l'on doit exclure les lupins des sols calcaires et des terres argileuses où s'accommoderont mieux, le trèfle, la fève d'hiver, la moutarde, le colza ; on les réservera, au contraire, aux terres silcieuses, vu leur prospérité certaine. Le lupin est le type des engrais verts. On emploie généralement le lupin blanc.

L 'Ensilage des Fourrages.

Une opération très importante pour l'agriculture c'est l'*ensilage des fourrages*, dont on a reconnu l'utilité si grande depuis quelques années.

M. Georges Mathieu, de l'*Institut national Agronomique*, a bien voulu nous communiquer ces notes précieuses sur l'*Ensilage des fourrages*, question dont il s'est particulièrement occupé :

« Lorsque les fourrages sont abondants, dit-il, lorsque

les conditions atmosphériques ne sont pas favorables à
la fenaison, *le cultivateur est parfois très embarrassé et
craint fort de voir pourrir son foin*. Si donc il peut
trouver un moyen de conserver sa récolte à l'état frais,
en dépit de l'humidité et du mauvais temps, il aura sur-
monté un véritable obstacle et possédera des ressources
importantes pour l'alimentation de son bétail. Ce mode
de conservation est réalisé par l' « ensilage ». Son emploi
s'est répandu depuis quelques années dans la grande
culture. Espérons que son usage prendra une extension
croissante de jour en jour.

Aujourd'hui, tout le monde reconnaît que les fourrages ensilés sont bons pour l'alimentation du bétail, il a
même été reconnu que cette nourriture est excellente
pour les vaches : en effet, elle augmente non seulement
la qualité de lait, mais aussi sa quantité. Ce sont là deux
facteurs importants et qui doivent attirer notre attention.
Quant aux autres animaux, chevaux, moutons et porcs,
ils acceptent volontiers les produits ensilés, surtout quand
on les associe à des tourteaux, du son ou des féve-
roles.

L'ensilage s'étend à presque tous les fourrages : c'est
par excellence le mode de conservation du maïs ; les
autres graminées s'y prêtent également bien ; enfin,
grâce à ce procédé, on a pu alimenter les animaux avec

des ramilles de chênes et de fougères par les années de
disette fourragère. Cependant, quelques restrictions
s'imposent pour les plantes très acqueuses, ainsi le chou
et sarrazin ne doivent pas être ensilés ; ils donnent, en
effet, une bouillie épaisse et visqueuse qu'il est difficile
d'utiliser.

Les « *silos* » sont les endroits où l'on conserve le fourrage ; leur construction est simple et peu coûteuse.
Pour les établir, on ouvre d'abord une tranchée trapezoï-
dale dans un endroit bien sec ; elle a généralement
2ᵐ 80 de fond, 3ᵐ 50 d'ouverture à la surface du
sol et 1 ᵐ 50 de hauteur. Lorsque cette opération est

terminée, on introduit dans cette excavation le fourrage que l'on veut ensiler en le tassant bien régulièrement ; on continue cette opération au-dessus du niveau du sol et on forme ainsi une meule de 2 mètres de haut.

Après un tassage définitif, il suffit de recouvrir la meule d'une couche de terre de 80 centimètres d'épaisseur. Mais la masse s'affaissera et bientôt l'adhérence de ces divers éléments n'existera plus, il faut alors plomber de nouveau et ramener un contact intime entre la terre et le fourrage. Si la terre est humide, on fera la meule sur le sol et on drainera le sol par un petit fossé. Comme on le voit, ces silos sont de construction simple et facile, ils ont l'avantage d'être peu onéreux et de donner de bons résultats. Ils possèdent ainsi des avantages immenses, même sur les silos en maçonnerie, bien supérieurs, il est vrai, comme construction, mais aussi plus coûteux.

On peut aussi avoir recours à l'ensilage en meules, celui-ci ne nécessite ni terrassement, ni construction. On fait simplement une meule sur le sol et on la recouvre de madriers, qui pressent la masse par l'intermédiaire de câbles tendeurs. On peut même supprimer ces tendeurs et les remplacer par d'énormes pierres suspendues aux extrémités des poutres. Ce sont là, évidemment, des procédés très économiques, mais non moins satisfaisants.

Il faut, en effet, que la matière soit bien comprimée et que la pression soit de 1,200 kilog. au moins. Malgré cela, il y a encore sur les bords une épaisseur de 0^m,50 d'inutilisable.

Si ces divers procédés sont simples, ils demandent toutefois d'être pratiqués avec soin ; ainsi, il faut ensiler les végétaux aussitôt coupés, même par les temps humides. En général, il est préférable et plus facile d'opérer sur les plantes qui ne sont pas très grandes : pour le maïs, il faut l'étaler en couches minces et le presser d'autant plus que la plante est plus développée. Enfin, il faut faire le travail lentement, le fourrage se tassera bien et les chances de succès seront plus grandes.

L'ensilage se pratique généralement en septembre, la fermentation du fourrage se produit et persiste jusqu'en janvier ; on ouvre alors le silo en ne découvrant qu'une partie de la meule et en prélevant la quantité nécessaire au fur et à mesure des besoins.

Certaines personnes mélangent au fourrage de l'acide borique ou de l'acide salycilique pour assurer sa conservation. *C'est là une pratique qu'il faut absolument rejeter* ; on introduit ainsi des principes dangereux qui peuvent occasionner des accidents aux animaux.

L'ensilage bien compris est donc une pratique simple, peu onéreuse et qui peut rendre de *grands services* pour

la conservation et l'utilisation des fourrages. Le cultivateur pourra user de ce procédé avec avantage dans les
années de grande abondance quand les conditions atmosphériques l'exigeront. Il possédera ainsi une précieuse
et abondante réserve pour l'alimentation de ses animaux
pendant l'hiver. »

L'EAU A LA FERME

I n'est pas un agriculteur qui ignore le *rôle capital* que joue l'eau dans l'agriculture et son influence sur la vie végétale et animale ; il s'en suit, qu'il n'y a pas de science plus utile à la culture que l'*Hydraulique*, qui a pour objet de distribuer les eaux naturelles aux terres, suivant leurs besoins, arrêter les eaux torrentielles dont les débordements suivent toute une région, ménager les réservoirs, pour irriguer les cultures dévorées par la sécheresse.

Parmi les progrès à réaliser dans l'alimentation de nos bestiaux, nous en voyons un qui est à la portée de tous, et auquel personne ne pense, et qui a cependant une importance énorme. Je veux parler du soin à apporter dans le choix de l'eau que nous donnons à boire à nos animaux.

La qualité de l'eau a une influence considérable dont

on ne paraît pas se douter : 1° sur la santé des animaux ;
2° sur l'engraissement rapide ; 3° sur la qualité et le rendement du lait. Nous allons examiner ces trois points de
vue. Tous les vétérinaires, tous les hygiénistes sont una-
nimes à reconnaître que l'eau est un des agents qui favo-
risent le plus vite les maladies chez les animaux.

L'eau malsaine altère petit à petit les organes de
l'animal, engendre des maladies graves et souvent
arrête son développement.

Il en est de l'alimentation de l'animal comme celle de
l'homme, la nature et la composition de l'eau ont une
influence bien constatée sur sa santé et cela est si vrai
que les grandes villes se préoccupent toutes de cette

Eaux stagnantes.

question des eaux alimentaires, que Paris ne craint pas d'aller à 30 lieues chercher les eaux pures de l'Orne et que Caen vient d'acheter les sources de Moulinos. Quelles sont les eaux malsaines ? Il y en a bien des sortes. D'abord et avant tout les eaux des rivières sur le bord desquelles sont établies des usines dans lesquelles on emploie des produits chimiques dangereux, qui, après avoir servi soit à la fabrication, soit au nettoyage sont jetés à l'eau, et empoisonnent l'eau à plusieurs kilomètres. Malheur aux riverains de ces cours d'eau ! Il leur est parfois difficile, malgré les lois existantes et les règlements de police, d'établir leurs droits à recevoir l'eau pure telle qu'elle était avant d'avoir passé par l'usine.

Leurs bestiaux n'ont à boire qu'une eau corrompue. Il est vrai que les bestiaux ont souvent l'instinct que ces eaux sont malsaines, et s'abstiennent de boire quand passe le produit chimique, mais l'eau en reste saturée et est nuisible. Cela est si vrai que dans ces eaux le poisson ne peut vivre. Et si elles sont mortelles pour le poisson, elles deviennent dangereuses pour les animaux.

Il y a ensuite les eaux stagnantes, celles qui ne se renouvellent pas, qui reposent sur une couche épaisse de vase et qui, sous l'action du soleil et du piétinement des animaux, deviennent épaisses et noires, et dégagent une odeur nauséabonde, les animaux refusent longtemps

d'en boire, mais pressés par la soif en absorbent néanmoins. Ces eaux loin d'aider la digestion engendrent
toutes sortes de maladies qui, souvent, sans être appa-
rentes, paralysent les bons effets de la nourriture des animaux.

Il y a enfin les eaux de mares où s'écoule le purin des

fumiers. On peut dire en règle générale que toutes les
eaux qui ne se renouvellent pas ou qui contiennent des
substances minérales ou des matières organiques, sont
essentiellement dangereuses. Il est hors de doute que
l'eau joue un rôle important dans l'engraissement des
bestiaux. Elle est indispensable à l'assimilation des aliments. Cela est si vrai que les bestiaux qui ont dans

l'herbage où ils sont de l'eau en abondance, engraissent beaucoup plus vite que ceux qu'on ne fait qu'abreuver de temps en temps. Nous avons vu dans les années de sécheresse, et notamment en 1893, des herbages absolument désséchés rasés jusqu'à la terre, où néanmoins des bœufs engraissaient quand ils avaient de l'eau vive en abondance, tandis qu'ils dépérissaient dans des fonds où l'eau était malsaine et peu abondante.

C'est peut-être sur les vaches laitières qu'on se rend plus sensiblement compte des effets de la qualité de l'eau. Il est parfaitement reconnu par tous les cultivateurs que la vache abreuvée trois fois par jour, donne plus de lait que celle qui l'est deux fois ou même une fois. Et non seulement l'eau pure et en abondance augmente la quantité du lait, mais elle agit puissamment sur sa qualité et si on réfléchit que le lait contient en moyenne 87 % d'eau, on comprendra facilement que les défauts de qualité du beurre et des fromages qui paraissent quelquefois inexplicables n'ont souvent d'autre cause que l'impureté de la boisson.

Ajoutons à ces observations que le beurre de vaches abreuvées dans de l'eau bien pure se conserve beaucoup mieux et plus longtemps que celui fait

14

avec de l'eau malsaine et qu'il lui est bien supérieur.

Le beurre provenant du lait de vaches abreuvées d'eau

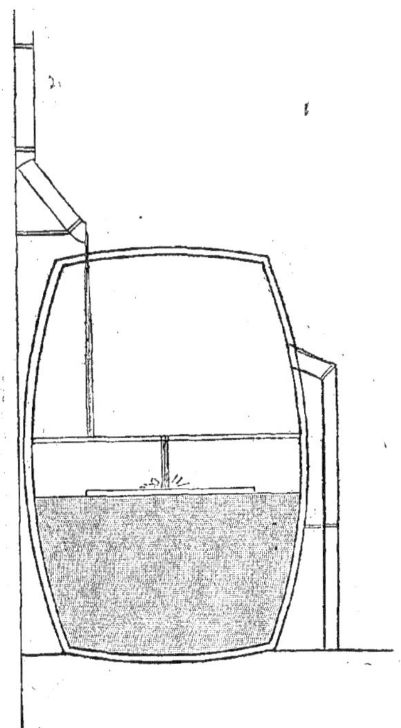

Appareil diviseur.

courante ou d'eau très froide est également moins mou en
été que celui fait avec du lait de vaches abreuvées d'eau à
la température ambiante. Le fait était encore rappelé

tout récemment dans nos bureaux. C'est une chose fort
précieuse pour toutes sortes d'usages que l'eau de pluie
à la campagne. Mais, lorsque après une sécheresse un
peu prolongée, cette eau bienfaisante descend des toi-
tures de la maison ou de la maisonnette, elle est mélangée de toutes sorte de poussières transformées en boue,
traces du passage des oiseaux, feuilles mortes, etc. Il
convient, indépendamment du filtrage et de l'ébullition
essentiels, si l'eau est destinée à la consommation, de la
faire passer tout d'abord, avant même de l'envoyer à la
citerne, dans un appareil *diviseur*. Rien de plus simple
que de combiner cet appareil soi-même. On prend un
tonneau défoncé par le haut et dans lequel on fait abou-
tir la conduite de descente des eaux pluviales. Aux deux
tiers de la hauteur du tonneau on dispose un faux fond
percé en son milieu d'un trou, au-dessous flotte dans la
liquide une plaquette de bois. Qu'arrive-t-il ? L'eau plu-
viale descend du toit par un tuyau ; elle emplit d'abord
le fond du tonneau en passant par le trou ; le flotteur
monte et à un moment donné vient obturer le trou. L'eau
a laissé dans le fond du tonneau toutes les impuretés ré-
coltées sur la toiture, elle remplit alors le haut du tonneau et par un tuyau s'en va dans la citerne. On vide le
fond par la bonde tant que l'eau reste malpropre ; ce
n'est pas plus difficile que cela.

Il va sans dire, que l'on peut employer au lieu du tonneau un récipient en métal par exemple, la disposition générale restant la même, mais le vieux tonneau est la solution simple, par excellence, du problème.

CE QUI EST UTILE A SAVOIR

De la conservation des pommes de terre.

ans une exploitation agricole, la conservation des pommes de terre a une importance considérable, et même dans un simple ménage d'agriculteurs, à raison même du *rôle considérable* que joue ce précieux tubercule, dans l'alimentation du bétail et dans celle du personnel. Il est très important, en effet, de savoir et de pouvoir préserver les pommes de terre de toute fermentation et surtout de tout commencement de germination qui ont pour effet de détruire leur qualité nutritive et de produire une substance vénéneuse, la *solannie* (1).

(1) La *solannie* est un alcali aganique, découvert en 1821, par Desfosses, dans les plantes appartenant à la famille des Solanées. On peut l'extraire des baies du bouillon blanc ou de la morelle, des feuilles ou de la tige de la douce-amère, des longs germes de la pomme de terre. La solannie est très vénéneuse.

Afin de pouvoir conserver les grosses récoltes de
pommes de terre, on les emmagasine dans des locaux
secs, frais et doux ; on les dispose en couches séparées
par des lattes *pour que l'air circule dans la masse.*

On ouvre le local lorsque le temps est sec, pour
évacuer la buée exhalée par le tas.

On ensile aussi les pommes de terre comme les
plantes racines dans des *silos* (1), dont on garnit le fond

(1) On sait qu'on donne ce nom de *Silo* à une cavité pratiquée dans
la terre pour y conserver du blé, des grains. Le *Silo* est employé en
France, en Algérie, en Tunisie, en Italie, en Espagne, quelquefois
en Russie et en Polgne. On revêt parfois les pains de maçonnerie ;
l'ouverture en est parfois très étroite. Lorsque le silo est *à l'abri des
infiltrations,* le grain s'y conserve mieux que dans les greniers.

et les parois de paille ou d'herbes sèches, on y établit une cheminée à air, pour évacuer la buée exhalée par le tas. A l'époque des gelées on peut protéger le silo par une couche de fumier chaud, couverte de terre battue.

Un procédé de conservation très pratique consiste à plonger les pommes de terre pendant dix heures dans une solution de $5°/_0$ d'acide sulfurique. On obtient ainsi la destruction des germes. Il va de soi que l'on ne doit appliquer ce mode de conservation qu'aux tubercules destinés à la consommation. M. Vilmorin conseille de saupoudrer seulement les tubercules à sec au moment de la mise en tas ou en silos avec de 5-10 kilos de chaux vive ou éteinte pour 1 000 kilogrammes de pommes de terre. D'autres recommandent la poussière de tourbe à utiliser comme la chaux. Les yeux restent intacts. Ce procédé peut s'appliquer aux oignons, aux carottes, que la pousse printanière déprécie si vite.

Un autre procédé consiste à extirper les germes au moyen d'un bec de plume métallique appliqué par le gros bout en guise de tarière. C'est surtout aux tubercules destinés à leur consommation que les ménages feront sagement d'appliquer ce procédé.

Enfin, un procédé excellent pour les éleveurs est celui qui consiste à broyer les pommes de terre, à les convertir en pain et à les faire dessécher au four, et même les soumettre à la cuisson.

D'ailleurs, les pommes de terre cuites ont une valeur alimentaire qui paye largement les frais de broyage et de cuisson.

De la conservation des poires et des pommes.

Les poires et les pommes sont des produits qui sont d'un grand rapport pour les agriculteurs de certaines contrées de la France. D'ailleurs, rien n'est plus agréable que d'avoir comme dessert, en hiver et au printemps, une belle poire ou une pomme bien conservée à l'état naturel ; ces fruits sont ainsi très supérieurs aux compotes et confitures.

Ce mode de conservation demande une installation spéciale, des soins particuliers et ne s'applique qu'à certaines variétés.

Pour les poires, les meilleures variétés d'hiver sont, d'après M. Baltet, un connaisseur émérite : Curé, Colmar, Nélis, Beurré, d'Hardenpont, Passe-Colmar, Sœur Grégoire, Beurré Millet, Beurré de Luçon, Passe-Crassane, Doyenné de Montjean, Duchesse de Bordeaux, Doyenné d'Alençon, Doyenné d'hiver, Bergamote Esperen, etc., et pour les pommes : Royale d'Angleterre, Reinette du Canada, Calville de Maussion, Reinette de Baumann, Calville rouge d'hiver, Reinette grise, Reinette dorée, Calville blanc, etc.

Il faut cueillir les fruits quelques jours avant complète maturité et alors qu'ils ne sont mouillés ni par la pluie ni par la rosée. Il y a également inconvénient à cueillir trop tôt ou trop tard, et c'est l'habitude, le coup d'œil qui indique au jardinier le meilleur moment pour cette opération.

Autant que possible, la cueillette doit se faire à la main ; on dispose les fruits avec soin dans une corbeille sur une seule rangée ; on les dépose provisoirement dans un local sec et aéré, puis, au bout de dix à douze jours, quand ils sont ressuyés, on les porte au fruitier, local sec et frais, exposé au nord ou à l'est, tenu très propre et ne renfermant pas autre chose que des fruits, surtout aucune matière pouvant fermenter. On emploie souvent la cave à cet usage, mais un local au niveau du sol est préférable, le long des murs sont disposées des tablettes larges de 0^m,50 et distantes de 0^m,30, on en place aussi par séries de rangées espacées d'un mètre dans l'intérieur de la pièce.

Ces tablettes, bien propres, sont garnies de paille de seigle ou mieux de mousse sèche, garniture qui, du reste, n'est pas jugée indispensable par tous les producteurs. On place les fruits à côté les uns des autres sans qu'ils se touchent, en ayant soin d'éliminer ceux qui sont meurtris; ils doivent reposer sur l'ombilic, la face opposée au pédoncule.

On visite le fruitier tous les quinze jours pour enlever les produits bons à prendre ou qui se pourrissent. Les premiers temps surtout, il est bon de laisser les fenêtres ouvertes de temps en temps quand il fait beau; l'abaissement de la température qui se produit est très favorable à une bonne conservation.

Quand l'emplacement fait défaut, on peut remplacer les étagères par des caisses plates dont on garnit le fond de fruits et qu'on entasse les unes sur les autres ; on les pose dans un coin d'une pièce quelconque et on les change de local au besoin. On peut aussi employer à cet usage des meubles spéciaux à tiroirs également plats.

La lumière est nuisible aux fruits; il faut donc tenir le local fermé. Certaines variétés de poires et surtout de pommes se conservent ainsi jusqu'au printemps et même au commencement de l'été, époque où elles se vendent très cher, mais le plus grand nombre doivent se consommer en hiver.

On a, à plusieurs reprises, essayé d'autres moyens qui, paraît-il, peuvent prolonger la durée de conservation des fruits ; on prétend que les poires et pommes restent six à sept mois en parfait état dans de la chaux éteinte. En Allemagne, il est assez d'usage de conserver les fruits enveloppés individuellement dans du papier de soie et placés sur des tablettes ou empilés dans des tonneaux en couches séparées par de la paille de bois, bien supérieure, pour cet objet, à la paille ordinaire. Cette méthode est surtout à recommander pour l'emballage des fruits à expédier au loin ou pour la conservation de ceux qu'on pourrait vendre très cher en fin de saison, alors que les pommes ou poires nouvelles vont bientôt paraître sur le marché.

Les Parasites des choux.

La vigne n'a pas seule le privilège des maladies causées par les infiniment petits, les choux ont aussi leur bonne part dans la distribution des fléaux.

Parmi les principaux parasites, on peut citer l'*altise*, l'*anthromyse du chêne*, la *piéride du chou*, la *noctuelle gamma*, la *pyrale fourchue*, le *ver gris*, etc. D'autres maladies moins nombreuses, mais plus funestes encore, sont déterminées par des végétaux parasitaires, telles que l'*Erysiphe communis* analogue à l'oïdium de la vigne, qui est traitée par le soufre ; la *rouille blanche*, traitée par les sels de cuisine et enfin, le *gros pied* ou *hernie du chou*, dû au développement d'un cryptogame connu sous le nom scientifique de *plasmodiophora brassicæ*. Eh bien ! et le remède ? On le cherche, mais un traitement qui donne de bons résultats, nous assure-t-on, consiste à déposer au pied de chaque pied de chou que l'on repique, une forte poignée de chaux vive pulvérisée que l'on recouvre de terre.

Le rendement en alcool.

On sait que l'alcool s'obtient par la fermentation d'un grand nombre de substances sucrées. Le rendement de ces substances est naturellement très variable.

En voici le tableau approximatif :

Pour 100 litres de vin, on a : 2 litres d'alcool à 50°, et pour 100 litres de cidre, 14 litres à 50°.

Par 100 kilogrammes de :

Marc de raisin, on a 12 litres d'alcool à   50°

Poiré . . . . 14. . . . . 50°

Prunes. . . . 14. . . . . 50°

Cerises. . . . 8. . . . . 50°

Figues. . . . 14. . . . . 50°

Miel. . . . . 70. . . . . 50°

Fraises . . . . 14. . . . . 50°

Choix des tubercules
destinés à servir de semences.

On sait qu'il est de toute importance de procéder avec soin au choix des semences.

Si l'on ne prend pas la précaution de mettre de côté, au moment de la récolte, les tubercules des pieds les plus fertiles, la dégénérescence des semences est certaine; elle arrivera au bout de cinq ou six années, et la récolte sera nulle alors.

Si l'on tient à conserver la race, il faut rejeter tous les tubercules dont le petit bout est chargé d'yeux trop rapprochés et choisir au contraire ceux qui ont des yeux rares et écartés ; ces yeux produiront de fortes tiges et, par conséquent, donneront des pommes de terre robustes.

Le choix des semences doit se porter sur les tubercules de grosseur moyenne, normale et non sur ceux qui ont pris un développement excessif, parce qu'ils sont de moins bonne qualité que les premiers, parce qu'à poids égal ils contiennent moins de fécule ou que cette fécule est altérée.

Des mouches.

On connaît les nombreuses espèces de mouches qui semblent avoir été créées pour faire mieux apprécier à l'homme les douceurs de la tranquillité et du repos ; ces insectes s'attaquent encore aux animaux domestiques et leur font endurer de cuisantes douleurs.

Il y a plusieurs espèces de mouches :

1° *La mouche commune* plus agaçante que méchante ;

2° *La mouche bleue à viande*. On sait qu'elle dépose ses œufs dans la chair en activant sa décomposition.

Cet insecte est un véritable ennemi, car il pratique souvent sa ponte dans les plaies mal [soignées que les animaux vivants portent fréquemment sur eux.

Si les bêtes ainsi attaquées, ne reçoivent pas des soins immédiats elles peuvent en mourir.

3° *Les mouches communes piquantes*, (mouches d'orage). Ce sont celles qui font le plus souffrir les ani-

maux domestiques ; elles finissent par faire prendre le
mors aux dents aux chevaux et par rendre fou de douleur
le bétail. Ces mouches s'attaquent parfois en si grand
nombre et avec une telle voracité, à un seul et même
animal que la queue de celui-ci devient impuissante à le

défendre. Cette espèce d'insectes prend surtout la tête
de sa victime comme point de mire, et s'acharne particulièrement à ses yeux et à ses oreilles, où elle fait
naître des inflammations toujours très douloureuses ;

4° *La mouche grise à viande*. Elle est très malsaine,
elle engendre des larves vivantes qu'elle dépose sur les

parties les plus tendres de la peau, ou dans les endroits
dépourvus de poils ; ces larves dévorent alors les animaux
tout vivants, en les faisant atrocement souffrir si l'on
ne prend pas des soins particuliers et immédiats ;

5° *La mouche cornevine*, qui se plaît surtout sur les
arbrisseaux et les fleurs, est à peu près inoffensive. Puis,
vient la série des taons, insectes sanguinaires et repous-
sants que tout le monde connaît pour les avoir vus
s'acharner à sucer le sang des chevaux et des bovidés.
Certains animaux domestiques entravés, n'ayant pu se
défendre contre les attaques des taons, ont été trouvés
morts au bout de peu de temps, méconnaissable, enflés
comme des outres, hideux;

6° Il y a le *taon aveuglant* qui se jette dans les yeux des bêtes et les rend folles ;

7° Puis le *taon des pluies,* seul insecte attaquant encore les animaux pendant les journées pluvieuses ;

8° La femelle du *taon de bœuf,* variété la plus carnassière ;

9° *Les cousins piquants,* (moustiques) attaquent les hommes de préférence aux animaux pour boire leur sang ; ils laissent dans la plaie qu'ils font à cet effet une sorte d'acide formique causant une brûlure insupportable accompagnée d'une cloque plus ou moins grosse.

10° Enfin, il existe un petit *moucheron* surtout à la lisière des grands bois, susceptible de faire naître des maladies très douloureuses aux oreilles des animaux.

Pour se défendre contre tous ces insectes, les procédés proposés sont nombreux, mais quelques-uns seulement sont efficaces. On conseille d'assainir les terrains marécageux, les ornières, les fossés qui se trouvent le long des près et des bois ; en effet, l'humidité favorise grandement la naissance des cousins.

On propose, en outre, d'arracher ou de brûler les mottes de gazon, dans lesquelles les mouches piquantes mettent leurs chrysalides en pelotons.

Ces différents moyens sont non seulement peu pratiques, mais surtout incertains. Les meilleurs procédés

à employer sont ceux qui ont pour principe la préser-
vation de nos animaux contre les mouches malfaisantes.
Pour cela, M. Pabst recommande les divers procédés
suivants qui sont tous efficaces.

On protégera tout d'abord les plaies que peuvent avoir
les bêtes domestiques, en lavant leurs blessures avec de
l'essence de térébenthine ou de l'acide phénique dilué, on
peut d'ailleurs employer, à cet effet, de l'huile de cade et
de l'huile de colza mélangées en quantités égales.

On pourra encore éloigner les mouches et détruire les
œufs qu'elles déposent sur les animaux, en frottant ces
derniers avec des feuilles fraîches de noyer imbibées de
quassia-amara, on ne saurait trop recommander cette

opération aussi rapide que peu coûteuse, le mélange suivant donne également d'excellents résultats : une partie de pétrole dans une partie d'huile quelconque.

Il est à noter que cette dernière matière grasse est particulièrement antipathique à tous les insectes, en général.

Cependant, on recommande spécialement de garantir les animaux contre les piqûres de mouches en général et des taons en particulier de la manière suivante :

On fera bouillir pendant cinq minutes une poignée de feuilles de laurier dans un kilogramme de saindoux. Il suffira alors de graisser un chiffon de drap avec cette matière et de frotter dans le sens du poil tout le coups du cheval ou du bœuf, au moment de les conduire au travail. Les oreilles des chevaux, comme on le sait, sont toujours d'une grande attraction pour les mouches ; il en résulte souvent pour les équités des maladies très douloureuses qui empêchent de les brider. On prévient les piqûres de cet organe en le recouvrant d'une sorte d'étui en toile après avoir préalablement lubréfié la paroi interne de l'oreille avec de l'huile de laurier, cette huile est l'un des meilleurs épouvantails d'insectes. Enfin, certaines matières odorante mettent également les mouches en fuite, ce sont principalement la poudre de pyrèthre, la lavande et les feuilles d'absinthe.

Afin d'éloigner les mouches communes qui agacent autant les hommes que les animaux, voici quelques-uns des meilleurs procédés proposés. Ces insectes ont horreur de la demi-obscurité, pour les éloigner en partie d'une pièce, il suffira d'y diminuer l'entrée du jour.

Pour mettre les locaux où couchent les animaux à l'abri des mouches, on conseille de fermer les fenêtres avec un treilli serré de fil de fer et d'établir de temps en temps un courant d'air, on fera bien également de passer au lait de chaux les murs des écuries et des étables.

L'émoussage.

Parmi les parasites ou faux parasites qui assaillent les
plantations fruitières éta-
blies dans des sols froids
ou dans des situations
humides et privées de
grand air, les mousses,
dit M. Enfer, se font remarquer par
leur rapide propagation, au point que,
parfois, une partie du tronc et des
branches en est recouverte et dispa-
raît presque complètement sous cette
couche de mousses diverses qui, par
leur adhérence, soustraient les écor-
ces au contact de l'air et les main-
tiennent dans un état d'humidité constante qui ne
peut que leur être préju-
diciable.

De plus, elles servent d'abri à de nombreux insectes de tous genres ou à leurs larves, qui y trouvent, pour hiverner, un abri suffisant, et d'où, au réveil de la végétation, elles partent à l'assaut du végétal qu'elles considèrent, si l'on n'y met bon ordre, comme devant leur servir de pâture.

Aussi est-il de toute nécessité, pendant le repos de la végétation, d'effectuer un émoussage à la main aussi complet que possible, dont les débris, recueillis avec soin, seront non pas jetés au hasard du premier tas d'immondices venu, mais bien et dûment incinérés avec le plus grand soin.

Quand les mousses sont peu nombreuses, on peut les détruire par des badigeonnages ou aspersions au lait de chaux, qui brûle et fait tomber la mousse, sans avoir recours au raclage, toujours dispendieux.

Pour obtenir un bon lait de chaux, il faut prendre une certaine quantité de chaux fraîchement éteinte que l'on met dans un baquet ou autre récipient approprié : on y ajoute peu à peu de l'eau en ayant soin de bien diviser la matière, de façon à en obtenir une sorte de bouillie juste assez liquide pour pouvoir s'étendre avec une brosse.

Pour développer la force insecticide de ce badigeonnage, on ajoute parfois à la chaux du soufre (5 kilos par hectolitre de préparation) et même du pétrole, en petite quantité, car son effet est des plus violents (1 à 2 litres par 100 litres), de la suie qui possède également des propriétés insecticides, mais dont le rôle principal sera d'atténuer cette teinte blanche qui donne un ton criard aux arbres nouvellement chaulés.

Si, au lieu de cette combinaison passablement compliquée, on veut simplifier, on peut employer une bouillie bordelaise à 5 p. c., sans danger tant que la végétation n'entre pas en mouvement.

Si, comme cela a lieu dans les années pluvieuses, les beaux jours propices au chaulage sont rares, le travail à la brosse est trop lent pour celui qui a un certain nombre d'arbres à traiter ; on peut alors employer un pulvérisateur spécial, ce qui permet de faire aussi bien et plus vite ce chaulage rapide. La dépense en liquides, soit lait de chaud, naturellement plus dilué que celui qui sera appliqué à la brosse, ou bouillie bordelaise, est un peu plus considérable ; mais un seul ouvrier fera de cette façon en un jour presque autant qu'en une semaine.

On n'a donc plus à hésiter quand, en quelques heures, il est possible de traiter un espalier et même des pyramides de 4 à 5 mètres de hauteur sans aucune difficulté et avec autant de succès qu'avec la brosse le mieux dirigée.

Engrais de poissons.

Si sur la terre nous ne trouvons plus de guano, engrais d'une si puissante fertilité, la mer viendra remplacer avantageusement cette dernière. En effet, peut être considéré comme une mine inépuisable de guano, le poisson, lequel possède une valeur au moins égale à n'importe quel autre de ces fertilisants. Ces gisements maritimes sont inépuisables, car, comme le dit Payen : « Les quantités de poissons que renferment certaines mers à certaines époques de l'année, sont telles, qu'on n'ose vraiment pas les apprécier dans la crainte d'être accusé d'exagération ».

On a déjà cherché en différents pays à utiliser les *poissons comme engrais.*

Etant donné l'extrême richesse fertilisante des déchets des poissons, Demelon pensa, en 1850, qu'à côté des grandes pêches, on devrait créer une industrie, destinée à tirer profit des débris de poissons inutilisables pour la

consommation. Rien qu'à Terre Neuve on perdait ainsi
annuellement plus de 700.000 tonnes de poissons et de
déchets, pouvant donner 150.000 tonnes d'engrais d'une
grande richesse fertilisante. Il fréta donc à ses frais un

bateau à cet usage pour faciliter le transport de ces débris, il les rendit imputrescibles par la cuisson et la dessiccation, et les réduisit ensuite en poudre. La cuisson
avait l'avantage de retirer la plus grande partie de la ma-

tière grasse (celle-ci payait même les frais de cuisson et de manutentation), et de faciliter la pulvérisation, qui réduisait de 90 % le volume initial. L'engrais ainsi préparé dosait 8 % d'azote, 12 à 13 d'acide phosphorique et 1 à 2 de potasse.

En 1860, Rohart, reprenant l'idée de Demelon, s'installait aux Iles Loffoden (Norwège). Il faisait sécher à l'air, en les plaçant sur des rochers, tous les résidus de la pêche à la morue en utilisant les vents d'Est très secs qui soufflent au printemps ; il obtenait ainsi une dessiccation complète sans putréfaction ; seules les têtes de morues, recouvertes d'une peau très dure, étaient desséchées dans des tourrailles, on réduisait ensuite en poudre le produit obtenu qui contenait de 8,5 à 9 % d'azote et 15 à 16 % d'acide phosphorique. L'industrie créée par Rohart, est continuée encore aujourd'hui aux îles Loffoden, où la production annuelle varie entre 1.500 et 2.000 tonnes par an, suivant qu'on a fait une pêche plus ou moins bonne.

Sur les côtes de Bretagne on traite les résidus de poisson par l'acide sulfurique à 53° Baumé, on y ajoute des phosphates naturels, de manière à former des superphosphates azotés. Dans 1.000 parties de ce guano, Mangon a trouvé : eau, 401,4 ; matières organiques non azotées, 2,581 ; sel marin, 87,8 ; phosphates de chaux et divers, 756 azote, 38,3.

En Norwège et en Islande, on utilise également les
déchets de la pêche de la baleine, chair et os, la production du guano de baleine, le moins cher de tous, d'un
brun rougeâtre, varie annuellement entre 1.200 et 2.000
tonnes, il contient 7 à 8 % d'azote, et 11 à 12 d'acide
phosphorique. La province de Bohuslan (côte Ouest de

la Norwège) voit chaque année des bancs de harengs
s'arrêter dans ses eaux ; aussi depuis 1882 a-t-on créé
dans ce pays 23 fabriques traitant environ 900.000 hectolitres de harengs, fournissant de 14 à 15.000 tonnes de
guano sec. Ce dernier possède une grande réputation,
qui s'explique par son procédé de fabrication ; ce guano,
en effet, est préparé avec des harengs vivants, il en ré-

sulte qu'il ne subit aucune des fermentations auxquelles peut donner lieu l'engrais fabriqué avec du poisson mort. Les poissons sont donc jetés vivants dans de grandes chaudières chauffées soit à feu ou soit à la vapeur. L'huile est extraite à la presse hydraulique, on commence aussi à faire usage de la benzine, dans ce pays, pour obtenir ce résultat. Le guano contient azote, 10 à 11 %; acide phosphorique, 4 à 6; potasse, 1 à 2. La quantité de ce guano, résultant de cette préparation, est de 22 % du poisson frais employé.

L'engrais de poisson offre sur le guano du Pérou l'avantage de ne pas perdre sa richesse azotée, par un dégagement continu d'ammoniaque, l'azote s'y trouve en combinaison organique et reste à cet état tant qu'il est sec, ce n'est qu'en présence seulement de l'humidité du sol qu'il se décompose. Rien n'empêche que la fabrication du guano de poisson, prenne une extension assez considérable pour suppléer à l'absence du guano du Pérou.

L'agriculture n'aura rien perdu au change, et les populations maritimes auront trouvé un nouveau débouché pour écouler les produits de leur pêche.

A propos des pommes de terre.

Nous consacrons en France pas loin d'un million et demi d'hectares à la culture de la pomme de terre, presque autant qu'à la vigne. Depuis la vulgarisation des variétés à grand rendement la récolte annuelle s'est augmentée d'un grand tiers. Elle était de 100 millions de quintaux il y a une douzaine d'années. Elle serait certainement de 150 millions de quintaux aujourd'hui, si la maladie que trop peu de cultivateurs combattent ne prélevait un énorme tribut sur nos rendements, surtout ces années dernières. La pomme de terre est sujette à plusieurs maladies parasitaires, la frisolée, la rouille, la gale, la variole, qui, de loin en loin, causent assez souvent des pertes sérieuses. Mais il n'y a vraiment qu'une maladie redoutable, celle que dans nos campagnes on appelle la « maladie. » Elle procède comme le mildew de la vigne, grillant les fanes, arrêtant la végétation au moment même où les tubercules ont le plus grand besoin de sève élaborée par les feuilles, et, comme le mildew, elle est causée par l'invasion foudroyante et le développement de myriades d'infiniments petits champignons, c'est le phytophtora. Le champignon du mildew de la vigne s'appelle peronospora. L'un et l'autre étant de même famille ont les mêmes phases de végétation et se propagent de la même manière. Tout le monde connaît la vesse-de-loup. Quand elle est mûre, si on l'écrase sous le pied, il en jaillit comme une fumée de poussière que le vent emporte. Ces poussières microscopiques, dont cent mille grains ne feraient pas une tache visible sur un pétale de myosotis, sont autant de spores ou germes du vilain champignon. On peut se figurer le phytophtora de la pomme de terre comme des amas de vesses-de-loup que le microscope seul nous permet de distinguer sur une petite feuille.

La poussière de germes produite par tous ces champignons est semée de proche en proche et au loin par le vent. Et c'est ainsi qu'il suffit d'une seule touffe contaminée pour infecter tout un champ, d'un seul champ mildiousé pour répandre la maladie dans toute l'étendue d'un grand pays.

Les spores sont bâties comme des œufs pour traverser l'hiver et pour attendre le temps favorable à leur éclosion, il y faut des conditions de chaleur et d'humidité, qui ne se produisent guère qu'en juillet et août et pas toujours, heureusement.

Cet exemple prouve fort bien qu'on peut à peu de frais, combattre la maladie et qu'on en débarrasserait pour toujours notre pays. Si tous les cultivateurs et jardiniers sulfataient avec soin leurs champs de pommes de terre et leurs plantations de tomates, deux ou trois ans de suite, on empêcherait les germes de se développer, et le cryptogame de produire de nouveaux germes, et le mal disparaîtrait sans retour.

De la destruction des lapins.

La *Revue universelle* indique aux agriculteurs riverains des bois, et qui sont affligés de la pullulation des
lapins, un procédé sûr et commode pour s'en empa-
rer.

« On prend une vieille barrique, que l'on enterre dans
le sol sur le passage favori des rongeurs ; on s'arrange
de façon que son bord supérieur affleure bien exacte-

ment la surface du sol ; puis on met le couvercle de la
barrique en bascule autour de deux petits axes et l'on
garnit ce couvercle de terre, de brins d'herbe, de
morceaux de carotte, collés sur lui. Le lapin ne résiste
pas à la tentation de venir faire un tour sur ce piège :
dès qu'il est dessus, le couvercle bascule, et voilà le maraudeur précipité dans la barrique. En équilibrant bien
le couvercle, ce qui est aisé à réaliser, il reprend immédiatement sa position normale, et c'est le tour d'un autre
lapin d'aller en carafe ».

Il va sans dire que ce piège doit se conformer à la ré-
glementation sur le droit de chasse et qu'il faut en indiquer l'emplacement d'une façon bien visible aux visi-
teurs des propriétés où on l'installe; sans quoi l'on
s'exposerait à trouver quelque passant précipité dans la
trappe comme un simple lapin. Mais ce sont là des détails d'application d'une telle évidence que nous n'y in-
sistons pas.

La lune rousse.

Parlerons-nous de l'influence de la lune, de cette lune rousse tant maudite du paysan. Les astronomes lui reconnaissent une influence sur les marées, les jardiniers ne font leurs semis qu'à certaines phases de cet astre ; les marchands de bois ne font leurs coupes qu'à certaines époques sous peine de voir leur arbres cironés. Et rien ne leur enlèvera de l'idée que la lune a une influence sur leurs travaux. Les vignes sont gelées presque toujours à l'époque de la lune d'avril et comme on a noté dans l'histoire certains jours préposés aux gelées, les paysans fulminent leurs imprécations contre les saints de ces jours-là. Ces saints, *dits de glace*, varient avec les pays. Dans l'Hérault on les appelle les *cavaliers*, parce que saint Georges, qui à cheval vient le premier, est jeté le 23 avril, saint Marc le 26, la Sainte Croix, le 4 mai. Saint Jean Porte-latine, le 5 mai. En Provence, l'exécration ne s'abat que sur trois : saint Pancrace, saint Mamers, saint Boniface, que certains remplacent par saint Gervais.

Pour la fermière.

Une fermière intelligente doit décharger son mari de la surveillance des étables. Elle peut toujours en prendre la direction et y faire régner — comme par tout le domaine — une extrême propreté et un ordre rigoureux, la propreté qui écarte les maladies, l'ordre qui épargne le temps.

Il faut savoir faire quelques frais d'installation, même si les bâtiments sont vieux. Tous les ans, les murs intérieurs doivent être blanchis à la chaux et les murs extérieurs réparés s'il y a lieu. Le sol doit être drainé avec soins, les vapeurs des liquides qui séjourneraient sous les animaux, leur deviendraient très nuisibles à respirer. On fait donc écouler le purin par de petites rigoles dirigées vers le trou à fumier. Ce trou mérite qu'on s'y arrête un instant, il doit être cimenté pour plusieurs raisons dont une des principales est qu'il ne faut rien perdre des pré-

cieux liquides qu'on y fait tomber. On se trouve bien encore à l'abriter sous un toit rustique pour que la pluie
ne lave pas le fumier, lui retirant ainsi ses sucs fertili-

sants. Les étables doivent être nettoyées tous les jours,
et les litières souillées enlevées très fréquemment,
chaque matin de la paille fraîche doit recouvrir la paille
salie la veille. Pour purifier les étables des mauvaises

odeurs après le balayage *quotidien*, on éparpille un peu de terre sèche aux places où l'on ne marche pas pour les besoins du service, l'air est assaini par ce moyen si simple, la terre agit comme absorbant et se charge de principes excellents, car elle retient les gaz qui constituent l'essence et la force du fumier. Cette portion de terre a donc la valeur d'un engrais supérieur.

Les chaînes qui retiennent les animaux, les anneaux doivent être assez bien entretenus pour briller comme l'acier neuf, c'est le meilleur moyen de les conserver longtemps. Les rateliers, les auges, les seaux ne réclament pas une moindre netteté. Tout ce qui sert aux animaux, frontails, jougs, etc., — sera soigneusement rangé, accroché en bonne place pour être trouvé du premier coup.

Il faut s'assurer que l'étable est suffisamment chaude en hiver, bien ventilée. La toiture requiert des examens rapprochés ; il est essentiel qu'elle soit toujours en bon état, cette prescription est plus importante qu'elle n'en a l'air.

Le jour où l'on enlève le fumier — nous avons dit que cette opération ne doit pas être renouvelée à intervalles éloignés — il est bon de laisser bien sécher le sol sous l'action d'un courant d'air (les bêtes étant sorties de l'étable) avant de remettre une litière fraîche.

On lave le pavé à grande eau, puis quand il ne reste plus trace d'humidité on dispose à la place de chaque animal une couche de paille suffisamment épaisse.

Les vins de fruits.

Nous voulons vous donner ici une curieuse recette
pour préparer à la maison une excellente boisson fer-
mentée avec tous les fruits juteux provenant de votre
jardins, tels que cerises, groseilles, framboises, fraises,
mûres sauvages, bluets, cassis, sans oublier les raisins
sauvages non cultivés.

1° Cueillir les fruits au bon moment, c'est-à-dire assez
mûrs, pour qu'ils aient tous leur saveur, mais pas trop
mûrs, puis les nettoyer avec soin en les débarrassant à
la main des queues, tiges, feuilles, fruits gâtés, etc. ;

2° Ecraser les fruits dans un vase très propre, à la
main ou avec un pilon de bois ;

3° Placer les fruits écrasés avec le jus dans une cuve
bien propre ; cette cuve peut être un tonneau placé
debout et dont on a enlevé le fond supérieur, au bas de
ce tonneau on a eu soin de mettre un robinet et de placer
à l'intérieur, sur l'ouverture du robinet, un balai de bois,

ou une petite botte de paille maintenue en position par une pierre ou autrement : ce balai est destiné à arrêter les parties solides des fruits quand on voudra retirer le jus par le robinet ;

4° Verser sur les fruits écrasés environ un gallon d'eau pour 8 à 10 ks de fruits, et laisser macérer le tout pendant 34 à 40 heures, en mélangeant de temps en temps avec un bâton bien propre ;

5° Retirer le jus par le robinet et le verser dans un tonneau de fermentation ; pour ne rien perdre, presser la pulpe des fruits avec une presse si on en a, et verser encore cette seconde portion de jus dans le tonneau de fermentation ;

6° Retirer le jus par le robinet et le verser, recevoir le sucre. Ajouter à ce moment du bon sucre raffiné à raison de 3 ks de sucre par gallon d'eau employée ; cette quantité doit être augmentée si le fruit est très acide, et diminuée si le fruit est par lui-même très sucré. Remuer pour bien faire fondre le sucre. (A la rigueur la cassonnade brune pourrait suffire pour un vin moins délicat) ;

7° Ajouter une once de crême de tartre par gallon d'eau employée : cela se fait en faisant fondre la crême de tartre dans un peu d'eau bouillante ;

8° La température du liquide étant autant que possible de 75° à 80° Fahr. (chauffer la chambre où se trouve le tonneau, si c'est nécessaire), la fermentation commence après quelques heures, augmente rapidement et après 4 à 5 jours, elle est assez avancée pour que l'on puisse soutirer le vin dans des tonneaux ordinaires placés horizontalement :

9° La fermentation se continue et s'achève dans ces tonneaux qu'on a soin de tenir toujours pleins, et sur la bonde desquels on pose simplement le bouchon sans l'enfoncer ;

10° Lorsque le vin a cessé de travailler (il ne dégage plus de bulles de gaz), on ferme la bonde et on laisse le vin reposer plusieurs mois, après lesquels on peut le mettre en bouteilles. Les bouteilles pleines devront être tenues dans une cave assez fraîche et couchées sur le côté.

Recette pour faire du vin de table
avec le raisin bleu.

Cette recette nous vient du Canada où nombreuses sont les familles qui se font du vin avec des raisins bleus achetés au marché.

Il faut :

1° Ecraser les grains, sans pour cela les détacher de la grappe, avec une presse, ou de quelque autre manière que ce soit ;

2° Jeter grains et grappes, écrasés, dans un tonneau qu'on a eu soin de mettre sur un escabeau haut d'un pied et demi environ, le tonneau ayant un robinet à trois ou quatre pouces du fond, afin de permettre aux déchets et au résidu de s'accumuler au-dessous du robinet, le tout, disposé de manière à ce que l'on puisse soutirer le liquide sans déranger ni tonneau, ni escabeau, ni robinet, afin de ne pas troubler la limpidité du liquide ;

3° Jeter dans le tonneau, en même temps que les

grappes écrasées, cinq gallons d'eau par cent livres de raisins ;

4° Laisser se former et monter le chapeau pendant une douzaine de jours ;

5° Après une douzaine de jours, tirer le liquide par le robinet, sans remuer ni agiter le tonneau ;

6° Mettre le liquide dans un autre tonneau ou dans le même, soigneusement lavé, ouvert par le haut et que l'on peut recouvrir d'un linge afin de mettre le liquide à l'abri de la poussière, avec escabeau et robinet comme il est dit plus haut ;

7° Ajouter en même temps, 2 livres et demie de sucre par gallon de liquide ;

8° Avoir soin que la température de l'appartement (60 à 70 degrés) ne varie pas trop, le vin se faisant très bien dans une cuisine, pourvu que l'on ne mette pas le tonneau trop près du poêle ou de la porte, et que la nuit, si on ne chauffe pas, on ait soin de couvrir le tonneau d'une robe de buffle ou d'une couverture ;

9° Laisser fermenter trois ou quatre semaines (quelquefois plus) jusqu'à ce que le vin sorte, par le robinet, clair comme de l'eau de roche :

10° Mettre le vin en baril, dans une cave assez fraîche ;

11° Le boire.

N. B. — Si l'on veut avoir un vin plus généreux, on

n'ajoute que peu ou point d'eau aux grappes écrasées ;
cependant, dans ce dernier cas, comme le raisin bleu
n'est pas assez sucré pour faire un vin agréable au goût,
il faut encore ajouter au moins une livre de sucre par
gallon de liquide.

17

PATRES ET BERGERS

Avant de terminer ces *Causeries sur l'Agriculture,* je voudrais vous entretenir ici des pâtres, des petits bergers, de toute cette population d'enfants qui, sous le grand ciel, dans les vastes prairies, au milieu des herbes folles et des jolies fleurs, ou sur la lisière des bois, ou sur les croupes verdoyantes des collines et des montagnes, passent leur jeunesse en plein air à la garde de Dieu.

L'isolement et l'abandon qui en résultent, l'oisiveté parfois, une promiscuité dangereuse et enfin le manque de tout secours religieux constituent, pour cette jeunesse, un ensemble de dangers bien graves.

Rien de poétique, de biblique, comme cette vocation, c'est possible, mais rien n'est plus dangereux peut-être, chez un peuple aussi déchristianisé que le nôtre. Dans les verts pacages, le gardeur de moutons, le vacher, se trouvent exposés aux mauvais exemples et parfois à la corruption de grands camarades, dont quelques-uns se sont laissé entraîner à une vie presque bestiale.

Le vacher, écrivait un curé du massif cantalien, habite depuis longtemps les montagnes, d'abord comme pâtre, puis comme vacher. Cela suppose sept ou huit années où il lui est trop facile d'oublier les pratiques religieuses et de les remplacer par de tristes passions.

Sur bien des points, il a pris l'habitude de manquer la messe pendant toute la période d'été. Si le vacher est indifférent, impie ou libertin, le pauvre petit berger sera bientôt déformé à son image. Mais, dans plus d'un pays, le vacher est encore accessible à de bons sentiments.

Combien le fermier et le propriétaire sont responsables du choix et de la surveillance du vacher ! N'ont-ils pas charge d'âmes à l'égard de leur personnel domestique ? Mais jamais non plus le père et la mère ne doivent se désintéresser de la situation de leur enfant, du petit pâtre confié au principal vacher. Qu'ils aillent le visiter dans la montagne deux ou trois fois au moins pendant l'été ; qu'ils s'assurent par eux-mêmes si l'enfant est traité avec humanité, s'il remplit ses devoirs religieux, si le vacher lui laisse la liberté d'aller à la messe.

Et enfin le prêtre devra surtout payer de sa personne.

Pourquoi de temps à autre ne gravirait-il pas les pentes de la montagne en souvenir du Bon Pasteur ? Un bon curé de campagne nous disait : « J'entre dans un buron avec plus de plaisir que dans un salon. » Là, dans ces rustiques chalets où les pâtres sommeillent, il doit y avoir un crucifix au-dessus de l'âtre, et c'est bien au prêtre à donner ce Christ. Quand le curé entre dans un buron, on se sent fier de l'y recevoir et il peut y faire un bien immense par sa sympathie et par ses paroles aux solitaires de la montagne.

Jadis, dans les époques chrétiennes, on était parvenu à restreindre le mal en installant jusque sur les plus hauts sommets des oratoires et des ermitages où les pâtres, convoqués par le tintement argentin de la cloche, venaient suivre la messe, entonner de rustiques chants et entendre la parole de Dieu.

Sur les montagnes du Coyan, au nord de la vallée de Vic, les ermites de Saint-Curiat réunissaient tous les vachers et bergers du buron du voisinage, apostolat qui a duré jusqu'à la mort du dernier ermite, vers 1820. Il en était de même au hameau de la Thuillière, à 1360 mètres d'altitude, où les prêtres de Thiézac allaient dire la messe, et au pied du Plomb du Cantal où, tous les dimanches de l'été, les prêtres de la communauté du Bourget montaient pour le service. L'Eglise, dans ce

temps de nombreuses vocations, avait multiplié partout
ses témoignages de sa sollicitude envers les pâtres.

Ces moyens sont devenus aujourd'hui bien difficiles,
mais du moins il en est d'autres qu'il ne faut pas né-
gliger. Il concerne l'époque où les bergers sont tous
réunis au village. Pour ce moment, il est bon d'établir
une œuvre paroissiale des bergers. Pendant l'hiver, on
pourrait avoir devant la crèche une petite retraite de
trois jours, n'eût-elle qu'un seul exercice quotidien. Au
reste, il n'est pas nécessaire d'atteindre le grand nombre ;
c'est beaucoup que d'évangéliser quelques âmes en attendant mieux. Pendant que les bergers sont là, on les
instruit du catéchisme, on leur apprend [des chants, des
cantiques pour la campagne, on leur raconte et on leur
fait lire la vie des Saints qui se sont illustrés dans ce
même genre de vie, depuis sainte Geneviève jusqu'à
sainte Germaine Cousin.

En certains points de l'Aveyron, de respectables dames
réunissent à part de petits pâtres l'après-midi du di-
manche, pour leur faire réciter le chapelet en commun
et leur raconter quelque histoire.

Quand ils partent, on leur donne à emporter des livres
tirés d'une petite bibliothèque spéciale à leur usage, on
prend garde qu'ils aient le scapulaire et la médaille de
Marie ; surtout on apprend aux meilleurs d'entre eux à

se servir du chapelet et des mystères du Saint Rosaire, charme et délices de la solitude.

Au besoin, on donne au jeune berger qui doit sortir de la paroisse, un mot de recommandation à l'usage du curé de son buron. Il est excellent d'enseigner aux bergers de petits métiers destinés à combattre l'oisiveté, source de bien des maux. Tout en gardant soigneusement le troupeau, la bergère peut tricoter des bas, travail peu absorbant et presque machinal ; les jeunes bergers peuvent confectionner des tresses de paille pour paniers ou même des chapelets fort simples.

Enfin, au milieu de la saison d'été, combien il serait excellent de réunir tous les pâtres de la montagne à quelque pèlerinage annuel, à l'une de ces vieilles chapelles où l'on ne va plus ! C'est ainsi qu'un jour on a pu voir jusqu'à 200 bergers des vallées et des montagnes se réunir au pèlerinage de la Font-Sainte (diocèse de Saint-Flour) à la Notre-Dame de septembre. Voilà une pratique très heureuse à généraliser.

Aimables et charmants enfants, que Dieu les garde ! et puisse le doux sauveur Jésus montrer une tendre sollicitude, une protection toute particulière pour ceux qui lui rappellent si vivement sa naissance et les premiers hommages qu'il reçut en ce monde.

FIN

TABLE DES MATIERES

Imprimerie DESTENAY, Bussière frères. — Saint-Amand (Cher).